NIkul Chavada
Mehul Dave
Kiran Deshmukh

Hidrologia da zona húmida de Barda Bandharan de Kodinar- Gir-Somnath, Gujarat

NIkul Chavada
Mehul Dave
Kiran Deshmukh

Hidrologia da zona húmida de Barda Bandharan de Kodinar- Gir-Somnath, Gujarat

ScienciaScripts

Imprint

Cover image: www.ingimage.com

This book is a translation from the original published under ISBN 978-620-2-05111-8.

Publisher:
Sciencia Scripts
is a trademark of
Dodo Books Indian Ocean Ltd. and OmniScriptum S.R.L publishing group

120 High Road, East Finchley, London, N2 9ED, United Kingdom
Str. Armeneasca 28/1, office 1, Chisinau MD-2012, Republic of Moldova, Europe
Printed at: see last page
ISBN: 978-620-8-24490-3

Índice

Capítulo 1. Introdução:

Os ecossistemas de zonas húmidas estão entre os ecossistemas mais produtivos da biosfera. As zonas húmidas recebem água de superfície proveniente de cursos de água (escoamento superficial), precipitação e escoamento superficial e água de subsuperfície proveniente de infiltração superficial, zonas hiporréicas de cursos de água e águas subterrâneas. Estas diferentes entradas são importantes para a produtividade das zonas húmidas porque contêm quantidades marcadamente diferentes de nutrientes transportados (i) e matéria orgânica (2). As zonas húmidas são reconhecidas como ecossistemas que albergam uma elevada diversidade biológica, fornecem o sustento a milhões de pessoas e enfrentam ameaças contínuas como resultado das actividades humanas em todo o mundo (3). Enquanto ecossistemas, as zonas húmidas são altamente voláteis, sendo particularmente vulneráveis às flutuações ambientais. Embora a biodiversidade das zonas húmidas constitua uma parte significativa (por exemplo, 15-20%) da biodiversidade total do subcontinente indiano (4), os estudos sobre os ecossistemas das zonas húmidas são limitados (5). A crescente influência das intervenções antropogénicas nos sistemas aquáticos e nas suas zonas de captação e em seu redor tem contribuído em grande medida para a deterioração da qualidade da água, conduzindo a uma eutrofização acelerada. As caraterísticas hidrogeoquímicas e a biomassa de fitoplâncton das massas de água não são constantes e flutuam com as variações sazonais e com o grau de poluição (6).

Os fitoplânctons são componentes integrais das zonas húmidas de água doce, que contribuem significativamente para a sucessão e a dinâmica do zooplâncton e dos peixes (7). A estrutura da comunidade, a dominância e a sazonalidade do fitoplâncton nas zonas húmidas tropicais são altamente variáveis e dependem do estado dos nutrientes, do nível da água, da morfometria do substrato subjacente e de outros factores regionais (8). O fitoplâncton é o principal produtor de um ecossistema aquático que controla a produtividade biológica. Não só fornecem uma estimativa da cultura existente, como também representam um índice biológico mais abrangente das condições ambientais (9). O fitoplâncton, que inclui algas verdes azuis, algas verdes, diatomáceas, desmídias e euglenóides, etc., é importante na microflora aquática. Constituem o elo básico da cadeia alimentar de todos os animais aquáticos (io). Muitos herbívoros, principalmente zooplâncton, alimentam-se do fitoplâncton, passando assim a energia armazenada para os seus níveis trópicos subsequentes. O fitoplâncton flutua passivamente e espalha-se uniformemente, estendendo-se a várias profundidades, onde as propriedades hidroquímicas influenciam a população de plâncton e a sua ocorrência.

As zonas húmidas são ecossistemas dinâmicos, que sofrem continuamente alterações naturais devido ao enchimento com sedimentos e à subsidência de nutrientes e à subida do nível das águas durante as grandes cheias. Sustentam todas as formas de vida e desempenham algumas funções úteis na manutenção do equilíbrio global da natureza. A rápida urbanização, o aumento da população humana e as suas várias actividades contribuíram para o declínio da qualidade e da quantidade das zonas húmidas. Por conseguinte, é imperativo concentrarmo-nos na preservação destes habitats ameaçados para alcançar a sustentabilidade ecológica.

A biodiversidade refere-se à variabilidade entre os organismos vivos de todas as origens, incluindo, entre outros, os ecossistemas aquáticos terrestres, de água doce e marinhos e os complexos ecológicos de que fazem parte (11). Hosetti (2002) descreveu-a como a biblioteca da vida, ou seja, a variedade de todos os genes, espécies de microrganismos, plantas, animais e ecossistemas que se encontram no nosso planeta. A Índia possui uma biodiversidade rica, uma vez que se situa na junção de três províncias biogeográficas - África, Eurásia Temperada e Oriental - e, consequentemente, possui um património biológico que a qualifica como uma das 12 nações com maior diversidade do mundo (12).

As zonas húmidas são um dos recursos naturais cruciais e são áreas de terra que estão temporária ou permanentemente cobertas por água. Isto significa que uma zona húmida não é nem verdadeiramente aquática nem terrestre; é possível que as zonas húmidas possam ser ambas ao mesmo tempo, dependendo da variabilidade sazonal. Assim, as zonas húmidas apresentam uma enorme diversidade de acordo com a sua génese, localização geográfica, regime e química da água, plantas dominantes e caraterísticas do solo ou dos sedimentos (13) Os recursos hídricos suportam uma rica biodiversidade. Os estudos qualitativos e quantitativos têm sido utilizados para avaliar a qualidade da água[(13).] O fitoplâncton é o produtor primário que forma o primeiro nível trófico da cadeia alimentar. Muitas espécies de fitoplâncton têm servido como bioindicadores (14).

Num sistema aquático, o zooplâncton desempenha um papel fundamental, não só como consumidor primário, mas também como fonte de alimento para os organismos superiores. O zooplâncton fornece o principal alimento para os peixes e pode ser utilizado como indicador do estado trófico de qualquer corpo aquático[(15).] Existem muitas zonas húmidas em diferentes partes do país. As zonas húmidas são áreas altamente produtivas com uma biodiversidade rica. Servem de local de desova e de viveiro para as aves e, por conseguinte, podem ser utilizadas como uma excelente área para a conservação de espécies raras e ameaçadas[(16).] De acordo com Buckton[(17)] , as zonas húmidas contam-se entre os ecossistemas mais produtivos do mundo e as suas funções incluem o controlo das inundações, a recarga de aquíferos, a absorção de nutrientes e o controlo da erosão. Além disso, albergam uma enorme diversidade de vida selvagem, como aves, mamíferos, peixes, rãs, insectos e plantas.

A utilização da monitorização biológica na avaliação da integridade dos ecossistemas tem recebido cada vez mais atenção nos últimos anos. Um número crescente de estudos refere a utilização de peixes[(18)] , macro invertebrados[(19)] , diatomáceas[(20)] , e perifíton[(22)] para detetar a degradação do habitat numa variedade de localizações geográficas e tipos de ecossistemas. Nos Grandes Lagos Laurencianos, o desenvolvimento e a seleção de indicadores da saúde do ecossistema foi um dos principais desafios colocados à comunidade científica durante a Conferência sobre o Estado do Ecossistema dos Lagos de 1996 (SOLEC; uma conferência bienal organizada pelos governos do Canadá e dos EUA para examinar questões relativas aos Grandes Lagos Laurencianos) [(23).]

As zonas húmidas são ecossistemas ecológica e economicamente importantes que se estão a perder e a degradar rapidamente. O plâncton é constituído por organismos que vivem suspensos na água dos mares, lagos, lagoas e rios, não sendo capazes de nadar contra as correntes de água. Esta última caraterística distingue o plâncton do nekton, comunidade de organismos que nadam ativamente, como os peixes, os cefalópodes de maiores dimensões e os mamíferos aquáticos. [(24, 25, 26, 27)]

Existem dois grandes grupos de fitoplâncton: (1) diatomáceas não móveis e de crescimento rápido (2) flagelados móveis e dinoflagelados, que podem migrar verticalmente na coluna de água em resposta à luz. Cada grupo apresenta uma enorme variedade de formas celulares, muitas com desenhos e ornamentações intrincados. As diatomáceas são ainda divididas em dois grupos com base na forma das células: (1) as diatomáceas pennatas, que evoluíram primeiro durante o Cretáceo Superior, são longas e (2) as diatomáceas cêntricas, que evoluíram mais tarde do que as pennatas, têm a forma de paliçadas e podem ter conjuntos elaborados de espinhos que se projectam das suas paredes celulares. [(29, 30, 31, 32)]

O fitoplâncton tem requisitos físicos e químicos diferentes para o crescimento da população. As diatomáceas diferem significativamente no que respeita à motilidade, à composição da parede celular e à ornamentação, bem como às estratégias nutricionais e reprodutivas.

As diatomáceas têm paredes celulares, chamadas frústulas, feitas de sílica (o mesmo material do vidro e da opala). Em contraste, os Dinoflagelados podem ter uma parede celular rígida, chamada de teca, feita de placas de celulose, ou podem ter uma membrana celular não rígida (sem teca). Estas duas formas de estruturas dos Dinoflagelados deram origem aos termos Dinoflagelados "blindados" e "não blindados" (ou "nus")(34,35,36,37,38) As diatomáceas e os Dinoflagelados podem ser altamente ornamentados, o que ajuda na identificação das espécies. O desenho da superfície celular de algumas diatomáceas pode ajudar a focar a luz nos cloroplastos, permitindo a sobrevivência a grandes profundidades onde a intensidade da luz é muito baixa. Os longos espinhos, a forma das células e a formação de cadeias e colónias tornam as diatomáceas mais difíceis de agarrar ou morder pelos predadores e também ajudam na flutuação. Alguns dinoflagelados formam cadeias, enquanto outros têm protuberâncias que parecem asas, coroas ou cornos, por razões semelhantes. Ambos os grupos reproduzem-se normalmente por divisão celular simples. Algumas espécies de diatomáceas e de dinoflagelados são conhecidas por produzirem fases de repouso. Os esporos em repouso nas diatomáceas e os quistos nos dinoflagelados permitem que as espécies sobrevivam em condições desfavoráveis. (39, 40, 41, 42) As espécies de dinoflagelados têm véus de alimentação que são extrudidos à volta de itens alimentares como as diatomáceas. Ambos os grupos são capazes de absorver nutrientes e vitaminas para o interior da célula e têm preferências distintas quanto às formas de alguns desses nutrientes.

O zooplâncton divide-se em dois grupos. O plâncton temporário é constituído por ovos e larvas planctónicas de membros do bentos e do nekton, o plâncton permanente inclui todos os animais que vivem os seus ciclos de vida completos em estado flutuante e o plâncton temporário, particularmente abundante nas zonas costeiras, é carateristicamente sazonal, embora as variações na época de desova das diferentes espécies garantam a sua presença em todas as estações(43,44,45,46,47) . Estão ausentes na água doce. Os protozoários ciliados são representados principalmente pelos tintinídeos, que têm entre 20 e 640 microns de tamanho e que, por vezes, ocorrem em grande número. As ostras, os mexilhões, outros bivalves marinhos e os caracóis começam a vida como larvas planctónicas. Os caracóis alados (Pteropoda) passam todo o seu ciclo de vida como plâncton. (48, 49, 50)

Os crustáceos são os membros mais importantes do zooplâncton. São os homólogos marinhos dos insectos, tanto em terra como no mar, os artrópodes são os mais diversos e numerosos de todos os filos animais. O copépode Calaanuslinmarchicus é importante como alimento para o arenque, e o eufausiídeo Euphausia superba, vulgarmente conhecido por krill, é a principal fonte de alimento das baleias azuis e das baleias-comuns no Oceano Antártico. (51, 52, 53) Estas baleias, em especial as baleias azuis e as baleias-comuns, migram para as águas onde ocorre a desova destes crustáceos; e o rápido crescimento destes grandes mamíferos, que se alimentam inteiramente de plâncton. (54, 55, 56, 57)

Ecologia do plâncton

O plâncton é constituído pelos organismos que vivem suspensos na água dos mares, lagos, lagoas e rios e que não são capazes de nadar contra as correntes de água. Esta última caraterística distingue o plâncton do nekton, a comunidade de organismos que nadam ativamente, como os peixes, os cefalópodes maiores e os mamíferos aquáticos. O tamanho do plâncton varia entre cerca de 0,2 gm e vários metros (medusas de grandes dimensões), mas apenas os pequenos têm sido objeto de investigação intensiva, sendo o krill antártico o único organismo planctónico bem estudado com mais de 5 mm.(60,61,62,63,64)

O plâncton forma comunidades bióticas complexas que são funcionalmente tão diversas e apresentam a mesma riqueza de interações que as comunidades terrestres. O plâncton é definido pelo seu nicho ecológico e não pela sua classificação filogenética ou taxonómica/[65,66,67]) O plâncton constitui uma fonte crucial de alimento para organismos aquáticos maiores e mais familiares, como os peixes.

Os organismos classificados como plâncton são incapazes de resistir às correntes oceânicas. Embora algumas formas sejam capazes de se movimentar de forma independente e possam nadar centenas de metros verticalmente num único dia (um comportamento designado por migração vertical da dieta), a sua posição horizontal é determinada principalmente pelas correntes circundantes, o que contrasta com os organismos nekton que podem nadar contra o fluxo ambiente e controlar a sua posição (por exemplo, lulas, peixes e mamíferos marinhos). O plâncton passa todo o seu ciclo de vida como plâncton (por exemplo, a maioria das algas, copépodes, salpas e algumas medusas)[(68, 69, 70)] . Em contrapartida, o meroplâncton é apenas plâncton tónico durante uma parte da sua vida (geralmente na fase larvar), passando depois para o nekton ou para uma existência bentónica (fundo do mar). Exemplos de meroplâncton incluem as larvas de ouriços-do-mar, estrelas-do-mar, crustáceos, vermes marinhos e a maioria dos peixes .[(71, 72, 73, 74)]

A abundância e a distribuição do plâncton dependem fortemente de factores como a concentração de nutrientes no ambiente, o estado físico da coluna de água e a abundância de outros plânctons. O estudo do plâncton é designado por planctologia e os plânctons individuais são designados por plânctons[(75,76,77)] .

Biologia do fitoplâncton

Existem dois grandes grupos de fitoplâncton: (1) diatomáceas não móveis e de crescimento rápido; e (2) flagelados e dinoflagelados móveis, que podem migrar verticalmente na coluna de água em resposta à luz. Cada grupo apresenta uma enorme variedade de formas celulares, muitas delas com desenhos e ornamentações intrincados[(78,79)] . As diatomáceas dividem-se ainda em dois grupos com base na forma das células: (1) as diatomáceas Pennate, que evoluíram primeiro durante o Cretáceo Superior, são longas e (2) as diatomáceas centrífugas, que evoluíram mais tarde do que as pennates, têm a forma de paliçadas e podem ter elaboradas séries de espinhos que se projectam das suas paredes celulares[(80,81)] .

Os fitoplânctons variam muito em termos de requisitos físicos e químicos para o crescimento da população. diatomáceas e também diferem significativamente no que diz respeito à motilidade, composição e ornamentação da parede celular e estratégias nutricionais e reprodutivas[(82,83)] .

As diatomáceas têm paredes celulares, chamadas frústulas, feitas de sílica (o mesmo material do vidro e da opala). Em contraste, os dinoflagelados podem ter uma parede celular rígida, chamada teca, feita de placas de celulose, ou podem ter uma membrana celular não rígida (sem teca). Estas duas formas de estruturas de dinoflagelados deram origem aos termos "dinoflagelado blindado" e "não blindado" (ou "nu") .[(84,85,86)]

As diatomáceas e os dinoflagelados podem ser altamente ornamentados, o que ajuda na identificação das espécies. O desenho da superfície celular de algumas diatomáceas pode ajudar a focar a luz nos cloroplastos, permitindo a sobrevivência a maiores profundidades onde a intensidade da luz é muito baixa. [(87, 88)]Os longos espinhos, a forma das células e a formação de cadeias e colónias tornam as diatomáceas mais difíceis de agarrar ou morder pelos predadores e também ajudam na flutuação [(89, 90, 91)] . Alguns dinoflagelados formam cadeias, enquanto outros têm protuberâncias que parecem asas, coroas ou cornos, por razões semelhantes. Ambos os grupos reproduzem-se normalmente por divisão celular simples. Algumas espécies de diatomáceas e dinoflagelados são conhecidas por produzirem estágios de repouso[(92,93,94,95)] . Os esporos de repouso nas diatomáceas e os quistos nos dinoflagelados permitem que as espécies sobrevivam em condições desfavoráveis. Algumas diatomáceas formam estruturas especializadas de reprodução sexual denominadas auxósporos, que se assemelham a versões muito aumentadas de células vegetativas normais[96,97]. Os dinoflagelados têm fases sexuais móveis que podem transformar-se em quistos ou em células vegetativas normais, dependendo das condições prevalecentes. Embora todas as espécies de dinotlagelados e diatomáceas partilhem certos requisitos básicos para o crescimento (luz, dióxido de carbono, nutrientes, oligoelementos. Nutricionalmente, as diatomáceas dependem apenas da fotossíntese como fonte de energia; elas não podem sobreviver se forem transportadas abaixo da zona fótica. Os dinoflagelados, pelo contrário, têm várias estratégias de sobrevivência, desde a fotossíntese à predação e ao parasitismo. [98,99,100]

Algumas espécies de dinoflagelados têm véus de alimentação que são extrudidos à volta de alimentos como as diatomáceas. Ambos os grupos são capazes de absorver nutrientes e vitaminas para o interior da célula e têm preferências distintas pelas formas de alguns desses nutrientes. [101,102,103,104]

Além disso, os agentes quelantes (compostos que atraem iões de metais vestigiais), como os derivados de material húmico, demonstraram ser benéficos para o crescimento do fitoplâncton. Não surpreende, portanto, que as marés vermelhas (ver secção seguinte) em diferentes partes do mundo tenham sido normalmente associadas a escoamentos terrestres e fluviais relacionados com a precipitação. A sílica é um fator limitante para o crescimento das diatomáceas. Já o azoto e o fósforo podem ser factores limitantes para o crescimento dos dinoflagelados.[105,106,107]

Transporte

Todas as espécies de fitoplâncton estão à mercê das correntes oceânicas para serem transportadas para áreas adequadas à sua sobrevivência e crescimento. Assim, os processos físicos podem desempenhar um papel significativo na determinação da composição e distribuição das espécies de fitoplâncton e são um fator importante no desenvolvimento de florescências[108,109,110] As áreas de forte mistura e movimento desencorajam a concentração de células ou podem perturbar fisicamente uma florescência existente. Os mares calmos e as massas de água estáveis são propícios à concentração de células.[111,112,113]

A zona costeira do Santuário Marinho Nacional do Golfo dos Farallones passa por períodos de forte ressurgência durante os meses de primavera e verão (ver capítulo sobre Padrões de Corrente na Plataforma Continental e Talude). Para além de fornecer águas mais frias e ricas em nutrientes a partir da profundidade, a ressurgência costeira concentra fisicamente o fitoplâncton perto da superfície[114,115,116]. Esta concentração de células na zona fótica superior, juntamente com o aumento de nutrientes, pode proporcionar uma vantagem competitiva para as diatomáceas de crescimento mais rápido durante os eventos de ressurgência[117,118] .Inversamente, um período de relaxamento após a ressurgência pode resultar numa massa de água estratificada, constituída por uma camada de água calma e quente à superfície e uma camada mais profunda de água mais fria e rica em nutrientes[118,119]. Estas condições favorecem o desenvolvimento de florescências de dinoflagelados, designadas por "marés vermelhas", porque este tipo de fitoplâncton pode nadar ativamente para a superfície para fazer fotossíntese durante o dia e migrar para zonas mais profundas à noite para absorver nutrientes. Os fenómenos de relaxamento podem também estar associados ao downwelling, em que as águas mais quentes do largo são arrastadas para perto da costa, empurrando as águas costeiras superficiais para zonas mais profundas ao longo do fundo do mar (ver capítulo sobre os padrões das correntes na plataforma continental e no talude)[120,121,122]. Investigadores noutras partes do mundo mostraram que os dinoflagelados estão normalmente associados a estas frentes de águas quentes que são defendidas junto à costa.

Florescimentos, marés vermelhas e toxicidade

Os florescimentos de fitoplâncton em geral, e os florescimentos tóxicos em particular, têm vindo a aumentar em frequência e distribuição a nível mundial desde a década de 1980. Embora as razões para este aparente aumento não sejam claras, foram sugeridas várias: (1) aumento do aporte de nutrientes aos oceanos costeiros devido às actividades humanas, (2) alterações climáticas em grande escala (por exemplo, aquecimento global), (3) transporte de espécies toxigénicas na água de lastro dos navios, (4) aumento da utilização dos recursos costeiros para a apanha de moluscos e a aquicultura e (5) aumento da vigilância por parte das agências governamentais de saúde e dos investigadores (123,124,125)

O termo comummente utilizado "maré vermelha" é bastante enganador, uma vez que as florescências de fitoplâncton são frequentemente de outras cores (castanho, verde e até amarelo) e não são um fenómeno de maré. Embora as diatomáceas sejam mais numerosas do que os dinoflagelados em termos de número de espécies, os dinoflagelados estão associados a ocorrências mundiais de marés vermelhas. Uma caraterística única de algumas marés vermelhas é o fenómeno da bioluminescência. A luz produzida por algumas espécies de dinoflagelados (Noctiluca scintillans, Lingulodinium polyedra) pode efetivamente iluminar as ondas e a superfície do oceano em condições de florescimento(188-191) . As marés vermelhas são um fenómeno comum no Golfo dos Farallones, ocorrendo tipicamente entre o final do verão e o outono (agosto a outubro), quando um relaxamento da ressurgência costeira resulta numa massa de água mais quente e estável junto à costa, que parece favorecer as populações de dinoflagelados. [(126-129)] A monitorização do fitoplâncton conduzida pelo Departamento de Serviços de Saúde da Califórnia (CDHS) desde meados de 1990 documentou padrões de composição e distribuição de espécies que são consistentes com estas relações. Os dados provenientes de zonas de ressurgência conspícua, como o santuário marinho, mostram que as diatomáceas são, de longe, as espécies mais numerosas e abundantes durante estes eventos. O relaxamento da ressurgência durante períodos prolongados tem sido fortemente associado ao aparecimento de dinoflagelados como grupo dominante. Um desses eventos de relaxamento prolongado no verão e outono de 1995 resultou num florescimento visível e duradouro de dinoflagelados em todo o santuário marinho. Gymnodinium splendens, uma espécie não tóxica, foi dominante durante quase dois meses antes de ser substituída por outra espécie. Quase todas as florescências de fitoplâncton ao longo da costa da Califórnia e no Golfo dos Farallones envolvem espécies não-toxigénicas. Inversamente, quase todos os incidentes de toxicidade por envenenamento paralítico de moluscos (PSP) em moluscos ocorreram na ausência de florescências visíveis de fitoplâncton produtor de toxinas -[(130142).]

Algumas espécies de fitoplâncton podem ter efeitos nocivos em organismos de diferentes níveis tróficos. A proliferação de algumas espécies, que de outro modo seriam inofensivas, resulta na morte maciça de peixes, ao esgotar o oxigénio dissolvido ou ao obstruir as guelras dos peixes. No Golfo dos Farallones, as espécies de fitoplâncton que representam o maior risco para a vida marinha e para os seres humanos que colhem vários organismos, são as que produzem biotoxinas marinhas.

Estas toxinas naturais concentram-se em diferentes espécies e em diferentes níveis tróficos. Os moluscos bivalves (mexilhões, amêijoas, vieiras, ostras) e os peixes (anchova, sardinha) que consomem fitoplâncton concentram as biotoxinas marinhas, aumentando o perigo para o nível seguinte de consumidores (peixes maiores, aves marinhas, mamíferos marinhos, seres humanos). Dos cinco principais grupos de biotoxinas marinhas conhecidos a nível mundial, sabe-se que dois ocorrem ao longo da costa da Califórnia. As toxinas PSP, produzidas pelo dinoflagelado Alexandrium catenella , há muito que estão associadas aos moluscos bivalves na Califórnia. A outra toxina conhecida, o ácido domóico, foi identificada pela primeira vez ao longo da costa do Pacífico dos

Estados Unidos em 1991. Produzido pela diatomácea Pseudonitzschia australis , o ácido domóico foi responsável pela morte de centenas de pelicanos castanhos e corvos-marinhos que se alimentavam de anchovas tóxicas na Baía de Monterey .(143-152)

O ponto focal para a ocorrência de toxinas PSP tem sido historicamente ao longo da costa do Condado de Mann a norte de São Francisco, uma área dentro do Golfo dos Farallones. A ocorrência de Alexandrium, seguida da rápida acumulação de toxinas PSP em moluscos bivalves, tem frequentemente origem na costa sul do condado de Marin, perto de Drakes Bay. Os episódios de toxicidade da PSP em grande escala parecem envolver uma progressão da toxicidade para norte, estendendo-se até à costa do condado de Del Norte, perto da fronteira entre a Califórnia e o Oregon. O Programa de Monitorização e Controlo de Biotoxinas Marinhas do CDHS, que tem vindo a monitorizar os moluscos bivalves ao longo da costa da Califórnia há muitas décadas, mantém várias estações no santuário marinho. Em 1992, foi também iniciado um programa voluntário de monitorização do fitoplâncton. Os dados da recolha e identificação frequentes do fitoplâncton ao longo da costa estão a fornecer informações valiosas sobre a distribuição espacial e temporal do fitoplâncton toxigénico. Além disso, as imagens de satélite das temperaturas da superfície do mar, juntamente com os dados das bóias sobre as temperaturas, a velocidade e a direção do vento, fornecem informações sobre os locais de afloramento ou de relaxamento e sobre o movimento das massas de água. A combinação destas fontes de dados permitiu ao Estado antecipar o aparecimento de eflorescências tóxicas em várias zonas. (153-162)

Plâncton nos oceanos, mares e lagos. A abundância local varia horizontalmente, verticalmente e sazonalmente. A principal causa desta variabilidade é a disponibilidade de luz. Todos os ecossistemas de plâncton são impulsionados pela entrada de energia solar (mas ver quimiossíntese), confinando a produção primária às águas superficiais e às regiões geográficas e estações com luz abundante. (164,165)

Uma variável secundária é a disponibilidade de nutrientes. Embora grandes áreas dos oceanos tropicais e subtropicais tenham luz abundante, registam uma produção primária relativamente baixa porque oferecem poucos nutrientes como o nitrato, o fosfato e o silicato. Este facto resulta da circulação oceânica em grande escala e da estratificação da coluna de água. Nessas regiões, a produção primária ocorre geralmente a maior profundidade, embora a um nível reduzido (devido à luz reduzida)

Apesar das concentrações significativas de macronutrientes, algumas regiões oceânicas são improdutivas (as chamadas regiões HNLC). O micronutriente ferro é deficiente nestas regiões, e a sua adição pode levar à formação de florescências de muitos tipos de fitoplâncton. O ferro chega ao oceano principalmente através da deposição de poeira na superfície do mar. Paradoxalmente, as áreas oceânicas adjacentes a terras áridas e improdutivas têm, por isso, fitoplâncton abundante (por exemplo, o Oceano Atlântico ocidental, onde os ventos alísios trazem poeiras do deserto do Sara, no Norte de África). Embora o plâncton seja mais abundante nas águas superficiais, vive em toda a coluna de água. Em profundidades onde não há produção primária, o zooplâncton e o bacterioplâncton consomem matéria orgânica que se afunda nas águas superficiais mais produtivas. Este fluxo de material afundado, a chamada neve marinha, pode ser especialmente elevado após o fim dos florescimentos primaveris .(166-170)

Devido ao papel central do plâncton no funcionamento das redes alimentares e dos ecossistemas de águas abertas, a ecologia do plâncton foi sempre uma disciplina central da limnologia e da oceanografia biológica. Para além da sua importância para os sistemas aquáticos, o plâncton é o organismo modelo mais adequado para tópicos clássicos da ecologia geral, como a competição, as relações predador-presa, a estrutura da teia alimentar, a sucessão, a transferência de matéria e de energia. As pequenas dimensões, o rápido crescimento da população (tempos de duplicação < 1 dia para as bactérias e o pequeno fitoplâncton e de vários dias ou semanas para o zooplâncton), as elevadas abundâncias (milhões por ml para as bactérias, milhões por 1 para o fitoplâncton) e uma distribuição relativamente homogénea no seu ambiente facilitam os estudos de campo e experimentais. Os processos que demoram anos a séculos nos sistemas terrestres, como a exclusão competitiva e a sucessão, demoram apenas semanas no plâncton. [171-177]

A comunidade vegetal do plâncton é designada por fitoplâncton e a comunidade animal é conhecida por zooplâncton. Esta divisão conveniente não é isenta de falhas, uma vez que, em termos estritos, muitos organismos planctónicos não são nem claramente vegetais nem animais, sendo antes melhor descritos como protistas. Quando o tamanho é utilizado como critério, o plâncton pode ser subdividido em macroplâncton, microplâncton e nanoplâncton, embora não se possam traçar linhas nítidas entre estas categorias. O macroplâncton pode ser recolhido com uma rede grossa e os pormenores morfológicos dos organismos individuais são facilmente discerníveis. Estas formas, com um milímetro ou mais de comprimento, não incluem, normalmente, o fitoplâncton. O microplâncton (também designado por plâncton em rede) é composto por organismos de tamanho entre 0,05 e 1 mm e é uma mistura de fitoplâncton e zooplâncton. O limite inferior da sua gama de tamanhos é fixado pela abertura do tecido mais fino utilizado nas redes de plâncton. O nanoplâncton (plâncton anão) passa através de todas as redes e é constituído por formas de tamanho inferior a 0,05 mm. Os organismos fitoplanctónicos dominam o nanoplâncton .[178-182]

No entanto, alguns destes termos podem ser utilizados com limites muito diferentes, especialmente no extremo maior da escala. A existência e a importância do nanoplâncton e do plâncton ainda mais pequeno só foram descobertas na década de 1980, mas pensa-se que constituem a maior proporção de todo o plâncton em número e diversidade. O microplâncton e os grupos mais pequenos são microorganismos e operam a baixos números de Reynolds, em que a viscosidade da água é muito mais importante do que a sua massa ou inércia [183-184]

Os principais componentes do fitoplâncton marinho encontram-se nos grupos das algas e incluem as diatomáceas, os dinoflagelados e os coccolitóforos. Os silicoflagelados, as criptomonas e as algas verdes encontram-se na maioria das amostras de plâncton. O fitoplâncton de água doce, normalmente rico em algas verdes, inclui também diatomáceas, algas azuis-verdes e flagelados verdadeiros.

O zooplâncton divide-se em dois grupos. O plâncton temporário é constituído por ovos e larvas planctónicos de membros do bentos e do nekton; o plâncton permanente inclui todos os animais que vivem os seus ciclos de vida completos num estado flutuante[185-190] . O plâncton temporário, particularmente abundante nas zonas costeiras, é carateristicamente sazonal, embora as variações na época de desova das diferentes espécies garantam a sua presença em todas as estações. No plâncton permanente encontram-se representantes de quase todos os filos do reino animal. Entre os protozoários, os foraminíferos planctónicos e os radiolários são tão abundantes e disseminados que os seus esqueletos constituem a maior parte dos sedimentos de fundo em vastas áreas oceânicas. Estão ausentes na água doce. Os protozoários ciliados são representados principalmente pelos tintinídeos, que têm entre 20 e 640 mícrones de tamanho e, por vezes, ocorrem em grande número[191-197]. Entre os celenterados planctónicos encontram-se os belos sifonóforos (por exemplo, Phsalia, o homem-de-guerra português) e as medusas. Os ctenóforos planctónicos, chamados gelatinas ou nozes do mar, também são comuns. Os rotíferos de água doce podem estar presentes no plâncton em grande número durante as estações mais quentes. Um grupo de organismos que pode ser encontrado em todas as latitudes, tanto em águas superficiais como a grandes profundidades, são os vermes flecha marinhos (e.g. Sagitta), importantes predadores planctónicos. As ostras, os mexilhões, outros bivalves marinhos e os caracóis começam a sua vida como larvas planctónicas. Os caracóis alados (Pteropoda) passam todo o seu ciclo de vida como plâncton.

Bactérias e fungos:

As bactérias e os fungos que se encontram na água pertencem, por definição, ao plâncton, mas, devido às técnicas especiais necessárias para a amostragem e identificação, são geralmente considerados separadamente. Estes organismos são importantes na transformação de materiais orgânicos mortos em nutrientes inorgânicos para as plantas. Alguns destes microrganismos marinhos e de água doce (incluindo as algas azuis-verdes) fixam o azoto molecular da água que contém ar dissolvido, formando amoníaco ou nutrientes afins importantes para o crescimento do fitoplâncton [(198-201)]. Embora pouco se saiba sobre a extensão da fixação de azoto, as bactérias e os fungos são sempre encontrados em amostras de água. Existe uma situação peculiar no Mar Negro, onde a água abaixo de 130-180 m contém sulfureto de hidrogénio e nenhum oxigénio. Nestas condições, só se encontram bactérias. Os ecossistemas são constituídos por populações, que por sua vez são constituídas por indivíduos que interagem entre si e com o ambiente. As interações biológicas no oceano não são entre populações ou entre níveis tropicais, como muitas representações de modelos de caixa de teias alimentares pelágicas nos podem levar a pensar. Os níveis trópicos e as populações são abstracções, e as interações ocorrem ao nível do indivíduo. A amostragem "cega" de propriedades globais pode resultar em padrões de distribuição observados, por exemplo, que não podem ser compreendidos e explicados a partir de uma abordagem deste tipo por si só. A imagem deve ser complementada por abordagens que considerem o indivíduo no seu ambiente imediato e que proporcionem uma compreensão mecanicista do funcionamento dos indivíduos e dos componentes dos sistemas mais vastos.

Isto permite-nos construir modelos e extrapolar observações para além do sistema em que as observações foram efectuadas. Tradicionalmente, os cientistas que efectuam cruzeiros e examinam os padrões de distribuição do biota e das propriedades ambientais através de amostragem são considerados oceanógrafos biológicos, e os que exploram o funcionamento dos indivíduos, por exemplo, realizando experiências laboratoriais com organismos, são considerados biólogos marinhos. É necessário combinar as duas abordagens para compreender a ecologia dos oceanos .[(202-208)]

A motivação para tentar compreender a ecologia dos organismos planctónicos é dupla. A primeira força motriz tem a ver com um simples interesse pela história natural. É fascinante observar o comportamento de plânctons vivos ao microscópio ou - melhor ainda - de plânctons nadadores através de vídeo; têm formas e cores diferentes, mas muitas vezes bonitas, e mesmo espécies próximas podem ter comportamentos muito diferentes, o que torna a identificação de plâncton vivo muito mais fácil do que a identificação de plâncton morto. A segunda razão para examinar as adaptações e o comportamento dos plânctons é o nosso interesse em compreender as propriedades globais dos sistemas pelágicos e a forma como o sistema pelágico se relaciona com as questões de maior escala do rendimento das pescas, do equilíbrio de CO2, do clima global e outras. A compreensão da mecânica dos comportamentos e interações individuais pode permitir-nos prever taxas e escalonar taxas em função de tamanhos, o que, por sua vez, pode ajudar-nos a compreender a estrutura (tamanho) e a função dos sistemas pelágicos e a prever os efeitos das alterações das rendas e dos impactos humanos.

Capítulo 2. Metodologia

22.1 Local de recolha de amostras de Barda Bandharan (Mul-Dwarka):

W e recolhemos amostras de água em Barda Bandharan (pontos de amostragem) com localização GPS específica e profundidade e superfície adequadas. Recolhemos a amostra de água em garrafas de plástico não metálicas e de fluxo livre, recomendadas para fins gerais de amostragem de água.

N.º Sr.	Localização do sítio de Barda Bandharan
1	N 20.45.53 E 70.39.6
2	N 20.45.54 E 70.39.7
3	N 20.45.52 E 70.39.4

Recolhemos 5 litros de água para a estimativa da clorofila num balde limpo para reduzir a heterogeneidade. A partir da amostra recolhida, 1 litro de água foi colocado numa garrafa de plástico opaca para a estimativa da clorofila e dos carotenóides. As amostras de plâncton foram recolhidas com uma rede de plâncton com uma malha de 20um.

Selecionámos três pontos para a recolha de amostras de água, recolhemos amostras de 5 litros para análise físico-química a cerca de 2 pés de água do rio. O tempo e a temperatura foram medidos durante a amostragem e todas as amostras foram transferidas o mais rapidamente possível para o laboratório para serem analisadas. Recolhemos todas as amostras durante o inverno e a temperatura varia entre 18 e 21^0 C.

2.2 Processamento de amostras para estimativa de clorofila e carotenóides:

As amostras para a estimativa da clorofila foram conservadas numa caixa de gelo a bordo, no escuro, para evitar a sua degradação, num recipiente opaco coberto com folha de alumínio. Imediatamente após a chegada à costa, todas as amostras foram colocadas na caixa de gelo e transferidas para o laboratório para análise. 1 litro de amostra de água recolhida foi filtrado através de filtros GF/F (tamanho de poro 0,45 um) utilizando um conjunto de filtração a vácuo. Após a filtração a vácuo, o moinho de tecido de vidro com tubo de moagem de vidro. O papel de filtro de fibra de vidro ajudará a quebrar a célula durante a trituração e o teor de clorofila foi extraído com 10 ml de acetona a 90%, a frio, juntamente com uma solução saturada de carbonato de magnésio em tubos com tampa de rosca. Após um período de extração de 24 horas, a amostra foi transferida para tubos de centrifugação calibrados e o volume foi ajustado ao volume original com acetona a 90%. O extrato clarificado foi então decantado em cuvetes limpas e a densidade ótica foi observada no comprimento de onda de acordo com Chlo. A, B, C e clorofila total com carotenóides. O cálculo foi efectuado de acordo com a APHA 2012

2.3 Recolha de amostras para análise do fitoplâncton

Recolhemos amostras de 1 litro de água do rio em dois locais de recolha com uma rede de plâncton (0,20 microns). Após a recolha das amostras de água do rio, estas são transferidas o mais rapidamente possível para o laboratório para análise. Após o período de incubação, utiliza-se o método de contagem de gotas para identificar a diversidade do plâncton.

2.4 Análise bacteriológica:

As bactérias encontradas na água pertencem, por definição, ao plâncton, mas, devido às técnicas especiais necessárias para a amostragem e identificação, são geralmente consideradas separadamente. Estes organismos são importantes na transformação de materiais orgânicos mortos em nutrientes inorgânicos para as plantas. Alguns destes microrganismos marinhos e de água doce (incluindo as algas azuis-verdes) fixam o azoto molecular da água que contém ar dissolvido, formando amoníaco ou nutrientes relacionados importantes para o crescimento do fitoplâncton. Existe uma situação peculiar no Mar Negro, onde a água abaixo de 130-180 m contém sulfureto de hidrogénio e nenhum oxigénio. Nestas condições, só se encontram bactérias. Os ecossistemas são constituídos por populações, que por sua vez são constituídas por indivíduos que interagem entre si e com o ambiente. As interações biológicas no oceano não são entre populações ou entre níveis trópicos, como muitas representações de modelos de caixa de teias alimentares pelágicas nos podem levar a pensar. Isto permite-nos construir modelos e extrapolar as observações para além do sistema em que foram efectuadas. Tradicionalmente, os cientistas que efectuam cruzeiros e examinam os padrões de distribuição do biota e das propriedades ambientais através de amostragens são considerados oceanógrafos biológicos, e os que exploram o funcionamento dos indivíduos, por exemplo, realizando experiências laboratoriais com organismos, são considerados biólogos marinhos. É necessário combinar as duas abordagens para compreender a ecologia dos oceanos.

Método de contagem padrão em placas utilizado para a contagem de bactérias/. Análise bioquímica utilizada para a identificação de bactérias isoladas de amostras de água.

2.5 Parâmetros físico-químicos:

2.5.1 Cor:

A cor da água pode resultar da presença de iões metálicos naturais (ferro e manganês), húmus e materiais de fossas, plânctons e ervas daninhas.

A cor aparente é determinada na amostra original com filtração ou centrifugação pelo método de comparação visual. Recolhemos a amostra de água em tubos de ensaio limpos e visualizamos se a água do rio é límpida ou não.

2.5.2 Turbidez:

O termo "turva" é aplicado à água que contém matéria em suspensão que interfere com a passagem da luz através da água. A turvação da água é causada por matéria em suspensão e coloidal, como argila, silte, matéria orgânica e inorgânica finamente dividida e organismos microscópicos.

A turvação é uma expressão da propriedade ótica que faz com que a luz seja dispersa e absorvida em vez de transmitida.

2.5.3 Odor:

O odor pode ser medido através de um simples teste de cheiro no nariz.

2.5.4 pH:

O pH é um termo utilizado universalmente para exprimir a intensidade das condições ácidas ou alcalinas de uma solução.

É uma forma de expressar a concentração de iões de hidrogénio.

Acidez: A acidez da água é a sua quantidade com base forte para um PH designado. Os ácidos minerais fortes, os ácidos fracos e os sais hidrolisantes, como os sulfatos de ferro ou de alumínio, podem contribuir para a medição da acidez, de acordo com o método de determinação. Os ácidos contribuem para a corrosividade e influenciam as reacções químicas e os processos biológicos. Alcalinidade: A alcalinidade da água é uma medida da sua capacidade para neutralizar os ácidos. A maior parte da alcalinidade da água natural é causada por três classes principais de materiais: 1) hidróxidos 2) carbonatos 3) bicarbonatos.

O medidor automático de pH é utilizado para medir o pH da amostra de água do rio.

2.5.5 Condutividade:

O instrumento medidor de condutividade é utilizado para medir a condutividade da amostra de água.

2.5.6_Estimativa de sólidos totais (S.T.)

Para este método, utiliza-se um prato de porcelana; aquecê-lo a 103-105 C durante 1 hora. Armazenar e arrefecer a placa em exsicadores até à pesagem necessária imediatamente antes da utilização. (Pré-peso) Agitar muito bem a amostra de água e adicionar 100 ml à placa de Petri de evaporação. Colocar a placa de evaporação na estufa a 103-105 °C durante uma noite. No dia seguinte, retirar a placa da estufa e arrefecê-la num exsicador, pois a placa teria resíduos secos. Medir o peso do prato de evaporação. (Colocar os dados relativos ao peso anterior e ao peso posterior do prato na equação seguinte e calcular a quantidade de sólidos totais presentes na amostra.

Cálculo: mg de sólidos totais/L= (A-B).1000/Volume da amostra (ml)

Onde,

A=peso pós-colheita da cápsula (peso dos resíduos secos + cápsula mg)

B= Peso prévio (peso da placa mg.)

2.5.7 Estimativa do total de sólidos dissolvidos (T.D.S.)

Para este método, utiliza-se um prato de porcelana; aquecê-lo a 103-105 C durante 1 hora. Armazenar e arrefecer o prato em exsicadores até à pesagem necessária imediatamente antes da utilização. (Pré-peso)Agitar muito bem a amostra de água e adicionar 100 ml da mesma ao dispositivo de filtração que tem fibra de vidro. Aplicar vácuo e filtrar 100 ml de amostra. Recolher o filtrado numa placa de evaporação. Colocar a placa de Petri de evaporação na estufa a 103-105 °C durante uma noite. No dia seguinte, retirar a placa da estufa e arrefecê-la num exsicador, pois a placa terá resíduos secos. Medir o peso da placa de evaporação. (Pós-peso) Colocar os dados do pré-peso e do pós-peso da placa na equação seguinte e calcular a quantidade de sólidos totais presentes na amostra.

Cálculo: mg de sólidos totais dissolvidos/L= (A-B).1000/volume da amostra (ml)

Onde,

A=Peso pós-colheita da cápsula (peso dos resíduos secos + cápsula, mg)

B=peso prévio (peso da placa, mg)

2.5.8 Estimativa do cloreto numa amostra de água

Preparação da amostra: Colher 100 ml de amostra num erlenmeyer de 250 ml. Se o cloro for mais elevado na amostra, diluir a amostra e, em seguida, recolher 100 ml da amostra diluída. Se a amostra for muito colorida, adicionar 3 ml de suspensão de $Al(OH)_3$, misturar, sedimentar e filtrar.

Titulação: Definir o pH da amostra no intervalo de 7-10 com a ajuda de H_2SO_4 /NAOH.

Adicionar 1 ml de solução indicadora de K2CrO4. Titular com AgNO3 padrão Titular até um ponto final amarelo-rosado. Ser consistente no reconhecimento do ponto final.

Cálculo: [1] mg Cl/L= (A-B).N.35450/ml de amostra (100ml)

Onde, A=ml de titulação para a amostra, B=ml de titulação para o branco, C=normalidade de $AgNO_3$ (0,0141N)

[2] mg NaCl /L=(mg Cl/L).1.65

2.5.8 Dureza total da água:

Tomar 1 ml de amostras de água e adicionar algumas gotas da solução de bissulfato de amónio ao preto-T como indicador.

Observámos que a cor da amostra de água é rosa. Em seguida, adicionamos EDTA lentamente, gota a gota, e a cor da água fica azul.

Cálculo: Fórmula: 1000,1 ml de EDTA utilizado/ml de amostra de água.

2.5.9 Estimativa do oxigénio dissolvido (D.O)

Para a análise da amostra de água, foram utilizados 300 ml de garrafa B.O.D.. Neste frasco, adicionar 1 ml de solução de MnSo4, seguido da adição de 1 ml de reagente ácido de iodeto alcalino. Tapar o frasco cuidadosamente para excluir e misturar invertendo o frasco algumas vezes. Adicionar 1 ml de H_2SO_4 concentrado. Res. tapar o frasco e misturar bem para dissolver completamente os precipitados. Transferir 200 ml desta mistura do frasco para o balão.

Adicionar 1 ml de solução de amido a 2% como indicador. Titular com soluções de 0,025 $Na_2S_2O_3$. Registar o ponto final, quando a cor azul do amido desaparecer.Cálculo:V_1 .0.1.1000/200 Onde, v1=Bureta n.

2.5.10 Estimativa da carência biológica de oxigénio (B.O.D.)

Para a análise da amostra de água, foram utilizados 300 ml de garrafa B.O.D.. Neste frasco, adicionar 2 ml de solução de MnSo4, seguido da adição de 1 ml de reagente ácido de iodeto alcalino. Tapar o frasco cuidadosamente para excluir e misturar invertendo o frasco algumas vezes. Quando o precipitado tiver assentado suficientemente (aproximadamente metade do volume do frasco), adicionar 2 ml de H_2SO_4 concentrado. Voltar a tapar o frasco e misturar bem para dissolver completamente os precipitados. Transferir 200 ml desta mistura do frasco para o balão. Adicionar 2 ml de solução de amido a 2% como indicador.

Titular com soluções de 0,025 $Na_2S_2O_3$. Registar o ponto final, quando a cor azul do amido desaparecer.

CÁLCULO:V_1 .0.1.1000/200

Onde, V_1 =A-B, A=Número da pré-bureta B =número da pós-bureta.

Capítulo 3. Resultados e discussão

As zonas húmidas são um grande ecossistema e suportam uma grande biodiversidade. No presente trabalho, investigamos a interação entre os parâmetros físico-químicos e o seu impacto na biodiversidade microbiana e na biodiversidade do plâncton durante o período pré, médio e pós-inverno 2016-2017 da zona húmida de Barda Bandharan (zona húmida temporária) perto da aldeia de Barda, Kodinar taluka. (Mul-Dwarka)

Durante a investigação, analisámos 15 parâmetros físico-químicos da água das zonas húmidas e comparámo-los com os dados padrão da linha de orientação indiana sobre a análise da água. Os parâmetros incluíram Temperatura, pH, Condutividade, T.S., T.D.S., D.O., B.O.D., Dureza da água, Clorinidade, Alcalinidade, Acidez e concentração de NaCl das amostras de água.

Os parâmetros biológicos incluíam a estimativa da clorofila, na qual se efectuava a análise da clorofila A, da clorofila B e da clorofila total com concentração de carotenóides. A clorofila desempenha um papel importante na produção de moléculas orgânicas no ecossistema da massa de água e mantém a cadeia alimentar no ecossistema da massa de água.

Análise do plâncton em que o zooplâncton e o fitoplâncton são factores bióticos muito importantes para manter o ecossistema da massa de água. O fitoplâncton é o principal produtor de alimentos que é consumido pelo zooplâncton e os peixes, bem como muitos outros animais das massas de água, dependem da concentração de zooplâncton no ecossistema das zonas húmidas.

A biodiversidade microbiana é o quarto fator muito importante do ecossistema na massa de água, porque converte matéria orgânica complexa em compostos orgânicos e inorgânicos simples que são utilizados pelo plâncton, pelo que concluímos que todos os parâmetros biológicos estão interligados e são influenciados por parâmetros físico-químicos (fator abiótico).

As amostras de água foram recolhidas nas zonas húmidas de Barda Bandharan, em cerca de 2 meses. A análise físico-química incluiu 15 parâmetros como temperatura, pH, condutividade, T.S., T.D.S., D.O., B.O.D., dureza da água e cloreto. A temperatura da água das zonas húmidas durante o inverno varia entre 19,0^{0} C e 21,2^{0} C. O pH da água da zona húmida varia entre 7,8 e 9,45, o pH das amostras de água é normal, mas o pH da água é mais elevado no mês 21 de dezembro. Após a análise dos resultados registados, o pH da água das zonas húmidas é normal, o que indica que a concentração de alguns sais pode ser mais elevada. A condutividade da água da zona húmida era mais elevada na amostra do mês 21 de dezembro, uma condutividade mais elevada indica que a concentração de sais se dissolve na amostra de água. Os dados relativos ao oxigénio dissolvido (D.O) e à carência biológica de oxigénio (B.O.D) indicam que o nível de oxigénio dissolvido varia entre 9,2 e 11,00 na água. Valores mais elevados de D.O. indicam boas condições para a vida aquática na água. Os dados T.S. e T.D.S. das amostras de água são mais elevados e flutuam mais durante o período de análise. A gama de T.S. da amostra é de 2,0 g/L a 2,5 g/L, mais elevada, a gama de TDS das amostras é de 550 mg/L a 690 mg/L. Os dados de T.S. e T.D.S. são mais elevados do que a gama normal, o que indica que a água não é utilizada diretamente para fins agrícolas e de consumo, valores mais elevados são também perigosos para a vida aquática normal. A dureza da água é outro parâmetro que indica a qualidade dos sais nas amostras de água, como o carbonato e muitos outros sais na amostra de água. A dureza da água varia entre 188 mg/L e 396 mg/lit, a concentração de sal aumentou durante o período de amostragem.

A estimativa da clorofila da água da zona húmida recolhida indicou que a concentração total de clorofila aumentou durante a análise dos dados com o período de tempo. A concentração aumentou durante a análise de dados com o período de tempo, o que indica que a concentração orgânica aumentou durante o período de tempo e, devido a isso, a concentração bacteriana pode aumentar.

A estimativa da clorofila da água da zona húmida recolhida indicou que a concentração total de clorofila aumentou durante a análise dos dados com o período de tempo. A concentração aumentou durante a análise de dados com o período de tempo, o que indica um aumento da concentração orgânica durante o período de tempo e, devido a isso, a concentração bacteriana pode aumentar. A concentração de fitoplâncton durante a análise *de Rhizosolenia crassispina spp.* e *Navicula spp.* foi predominante durante o relatório do estudo. Os zooplânctons também desempenham um papel importante na manutenção do ecossistema aquático, durante a análise isolámos 15 spp. de zooplâncton, em que *Temora discadata, Centropages tenuiremis* e *Calanopi minor* foram as spp. predominantes na água da zona húmida.

Tabela: 01 Dados da análise físico-química de Barda Bandharan (aldeia de Mul-Dwarka)

DATE	12/11/2016			21/12/2016			01/01/2017			11/02/2016		
Location	1	2	3	1	2	3	1	2	3	1	2	3
Time	8.20AM	8:30AM	8:46AM	09:26AM	09:32AM	09:45AM	09:30AM	09:42AM	09:59AM	09:02 AM	09:25 AM	09:45AM
Temp.	20.0^{oC}	20.0^{oC}	20.1^{oC}	19.0^{oC}	18.9^{oC}	20.1^{oC}	21.0^{oC}	21.2^{oC}	21.0^{0}c	19	19.5	19.2
Color	Clear	Clear	Clear	Clear	Clear	Clear	clear	clear	clear	clear	Clear	Clear
Order	Slightly Smelly	Slightly Smelly	Slightly Smelly	Slightly Smelly	Slightly Smelly	Slightly Smelly	Slightly Smelly	Slightly Smelly	Slightly Smelly	Slightly Smelly	Slightly Smelly	Slightly Smelly
Ph	9.21	8.78	9.2	9.31	9.25	9.45	8.6	8.9	8.7	7.92	7.8	7.8
Conductivity	0.39µs/200	0.40 µs/200	0.43 µs/200	0.42 µs/200	0.51 µs/200	0.47 µs/200	0.41 µs/200	0.39 µs/200	0.42 µs/200	24.6 µs/20	24.4 µs/20	24.6 µs/20
T.S.	2.2g/L	2.0g/L	2.1g/L	2.0g/L	2.2g/L	2.1g/L	2.3g/L	2.4g/L	2.1g/L	2.42 g/L	2.49 g/L	2.52 g/L
T.D.S.	550mg/L	621mg/L	579mg/L	600mg/L	670mg/L	652mg/L	625mg/L	628mg/L	610 mg/L	690 mg/L	648 mg/L	655 mg/L
D.O.	9.8mg/L	8.9mg/L	9.3mg/L	11.0mg/L	10.8mg/L	10.7mg/L	8.2mg/L	9.2mg/L	9.4mg/L	9.3 mg/L	9.8 mg/L	9.5 mg/L
B.O.D.	2.1mg/L	2.9mg/L	2.3mg/L	2.0mg/L	2.2mg/L	2.1mg/L	3.0mg/L	2.3mg/L	2.3mg/L	2.7 mg/L	2.3 mg/L	2.0 mg/L
Water Hardness	192mg/L	188mg/L	186mg/L	188mg/L	191mg/L	182mg/L	201mg/L	198mg/L	199 mg/L	384mg/L	360mg/L	396 mg/L
Clorinity	2.03g/L	2.01g/L	2.02g/L	2.01g/L	2.05g/L	2.07g/L	2.2g/L	2.0g/L	2.0g/L	2.04	2.07	2.09
Salinity	3.0g/L	2.7g/L	2.6g/L	3.2g/L	3.1g/L	3.4g/L	3.01g/L	2.7g/L	2.5g/L	3.268 g/L	3.31g/L	3.34 g/L
Alkalinity	2.1g/L	2.15g/L	2.2g/L	2.9g/L	2.7g/L	2.72g/l	3.2g/L	2.92g/L	3.0g/L	5900	5750	5800
Acidity	2.2g/L	2.0g/L	2.1g/L	2.2g/L	2.4g/L	2.3g/L	3.1g/L	3.0g/L	2.8g/L	4200	3800	3680
NaCl Cons.	2.9g/L	2.8g/L	2.9g/L	3.3g/L	3.0g/L	3.4g/L	2.93g/L	2.8g/L	2.1g/L	3.36 g/L	3.45 g/L	3.44 g/L

Tabela: 02 (a) Análise quantitativa do zooplâncton (aldeia de Mul-Dwarka)

	Nome da espécie	Abundância em n.º /li de Barda (zona húmida) em três estações			Representação por grupo e género/espécie individual		
	ZooQplâncton	1	2	3	Total	AVG	% do grupo
1	Temora turbinata	12	00	10	22	7.3	5.5
2	Temora discadata	10	09	07	26	8.6	6.5
3	Calanopi minor	14	08	03	25	8.3	6.3
4	Labidocera acuta	13	12	00	25	8.3	6.3
5	Centropages tenuiremis	12	09	07	28	9.3	7.1
6	Acrocalanus longicorhis	14	12	03	29	9.6	7.3
7	Tortanus burbatus	11	05	03	19	6.3	4.8
8	Euchaeta marina	06	07	04	17	5.6	4.3
9	Sapphirina nigromaculata	12	11	07	30	10.	7.6
10	sapphirina ovatolancelata	**08**	**09**	**03**	**20**	**6.6.**	5.0
11	Corycaeuscatus	10	12	07	29	9.6	7.3
12	Clitemnestra	13	05	09	27	9	6.8
13	Oithona spinirostris	12	12	06	30	'10	7.6
14	Tintinnopsis nordqvisti	15	11	10	36	12	9.13
15	Globigerina rubescense	11	10	**10**	31	10.33	7.8
	Total	173	132	89	394	131.3	

Tabela: 02 (B) Classificação sistemática do zooplâncton (aldeia de Mul-Dwarka)

	Filo	**Classe**	**Oder**	**Família**	**Espigas**
	Artrópodes	Maxilopoda	Calanóide	Temorídeos	Temora turbinata
					Temora discadata
				Pontellidae	Calanopi minor
					Labidocera acuta
				Centropagídeos	Centropages tenuiremis
				Paracalanídeos	Acrocalanus longicorhis
				Tortanidrae	Tortanus burbatus
Plâncton do jardim zoológico				Euchaetidae	Euchaeta marina
			Poecilostomatoida	Sapphirinidae	Sapphirina nigromaculata
					sapphirina ovatolancelata
				Corycaeidae	Corycaeuscatus
			Harpacticoida	Peltidlidae	Clitemnestra
			Cyclopoida	Oithonidae	Oithona spinirostris
	Ciliofobia	Spirotrichea	Tintinnida	Codonollidae	Tintinnopsis nordqvisti
	Foraminíferos	Politálamo	Globigerinídeos	Globigerinídeos	Globigerina rubescense

Tabela: 03 (a) Análise quantitativa do fitoplâncton (aldeia de Mul-Dwarka)

	Nome da espécie	Abundância em n.º /li de Sodam Bandharan (zona húmida) em três estações			Representação por grupo e género/espécie individual			
	Ditames	1	2	3	Total	AVG	% do grupo	% total
1	Cilindrothecaclosteriam	14	00	09	23	7.6	9.9	7.0
2	Leptocylindrus danicus	12	08	09	29	9.6	12.55	8.9
3	Chaetoceros didumus	11	10	09	29	9.6	12.55	8.9
4	Pseuduo nitzschia punges	11	07	00	18	6	7.7	5.5
5	Ditylum brightwellii	11	07	07	25	8.3	10.82	7.7
6	Rhizosolenia crassispina	11	10	13	34	11.33	14.71	10.49
7	Navicula	11	16	00	27	9	11.68	8.3
8	Licmophora	11	00	06	17	5.6	7.3	5.2
9	Eucampia zodiacus	11	08	09	28	9.3	12.12	8.6
	Total/lit	**103**	**66**	**62**	**231**	**77**	100	71.29
10	**Cynobacteria**							
11	Oscilatórios	11	17	00	28	9.3	30.10	8.6
12	Microcistina	13	13	09	35	11.66	37.68	10.8
13	Gloecocaphaalpicola	11	11	08	30	10	32.25	9.2
	Total/lit	35	41	**17**	93	31	100	9.5
	Fitoplâncton total	138	107	79	324	108	...	...

Tabela: 03 (B) Classificação sistemática do fitoplâncton (aldeia de Mul-Dwarka)

	Filo	**Classe**	**Oder**	**Família**	**Espigas**
Ditaduras	Ochrophyta	Bacillariophyce	Naviculares	Naviculaceae	Tropidoneis antarctlices
					Navícula
				PleurosigmaGeae	pleurosigma
			Rhizosoleniales	Rhizosoleniaceae	Rhizosolenia crassispina
					Rhizosolenia setigera
			Fragilariais	Fragilariaceae	Fragilaria crotonersis
					Synedra
			Lithodesmiales	Lithodesmalceae	Lithodesmiam
					Ditylum brightwellii
			Bacilares	Thalassionemataceae	talassionema
			Leptocylindrales	Leptocylindraceae	Leptocylindras denicus
				Bacillariaceae	Pseuduonitzschia pungens

			cimebelos	Cymebellaceae	Cymbella
			Melosirales	Melosiraceae	Melosira varians
			Biddulphiales	Rhizosoleniaceae	Probosia alata
			Paralelos	Paraliaceae	Paralia
			Triceratiais	Triceratiaceae	Triceratium roberstsianum
			Licmophorales	Licomphoraceae	Licmophora

Data: 12/11/2016

	CHLO A	CHLO B	TOTAL CHLO	CARITONOIDS
LOCATION:01	0.12µg/L	0.49µg/L	0.62 µg/L	0.04 µg/L
LOCATION:02	0.15µg/L	0.47µg/L	0.59 µg/L	0.03 µg/L
LOCATION:03	0.14µg/L	0.52µg/L	0.91 µg/L	0.03 µg/L

Análise bacteriológica

Localização	Células bacterianas/L
LOCALIZAÇÃO :01	$7.1X10^5$
LOCALIZAÇÃO :02	$6.2 X10^5$
LOCALIZAÇÃO:03	$5.9 X10^5$

DATA: 21/12/2016

Location	CHLO a	CHLO b	TOTAL CHLO	CARITONOIDS
LOCATION:01	0.17 µg/L	0.59 µg/L	0.76 µg/L	0.04 µg/L
LOCATION:02	0.12 µg/L	0.42 µg/L	0.67 µg/L	0.03 µg/L
LOCATION:03	0.15 µg/L	0.52 µg/L	0.72 µg/L	0.05 µg/L

Análise bacteriológica:

Localização	Células bacterianas/L
Localização 01	$6.7 X10^5$
Localização 02	$7.2 X10^5$
Localização 03	$6.7 X10^5$

Data: 01/01/2017

	CHLO a	CHLO b	TOTAL CHLO	CARITONOIDS
LOCATION:01	0.61 µg/ml	0.72 µg/ml	1.12 µg/ml	0.03 µg/ml
LOCATION:02	0.35 µg/ml	0.14 µg/ml	0.44 µg/ml	0.08 µg/ml
LOCATION:03	0.55 µg/ml	0.45 µg/ml	0.92 µg/ml	0.05 µg/ml

Análise bacteriológica

Localização	Células bacterianas/L
LOCALIZAÇÃO:01	$8.0 X10^5$
LOCALIZAÇÃO:02	$5.7 X10^5$
LOCALIZAÇÃO:03	$6.8 X10^5$

Data: 11/02/2017

Location	CHLO a	CHLO b	TOTAL CHLO	CARITONOIDS
LOCATION:01	0.47 µg/ml	0.77 µg/ml	1.04 µg/ml	0.02 µg/ml
LOCATION:02	0.89 µg/ml	0.86 µg/ml	1.49 µg/ml	0.03 µg/ml
LOCATION:03	0.59 µg/ml	0.79 µg/ml	1.78 µg/ml	0.02 µg/ml

Análise bacteriológica

Localização	Células bacterianas/L
LOCALIZAÇÃO:01	$8.9 X10^5$
LOCALIZAÇÃO:02	$8.7 X10^5$
LOCALIZAÇÃO:03	$9.2 X10^5$

Interpretação gráfica de análises físico-químicas:

Figura: 01 Dados de temperatura Análise da amostra de água

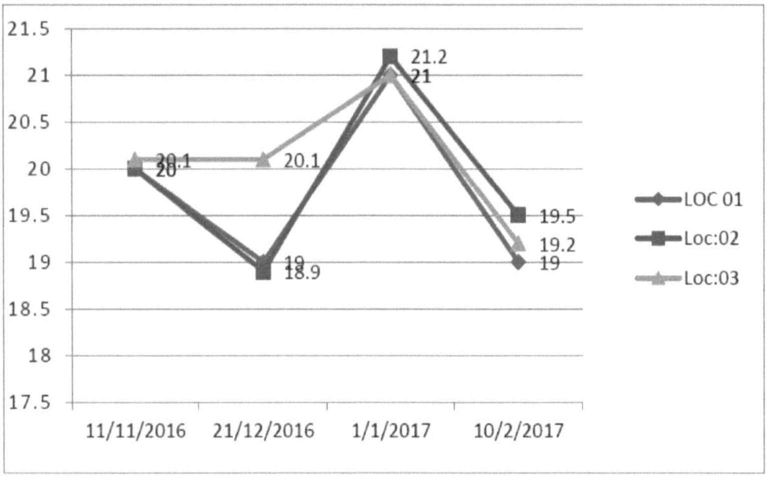

Figura: 02 Dados de pH Análise da amostra de água

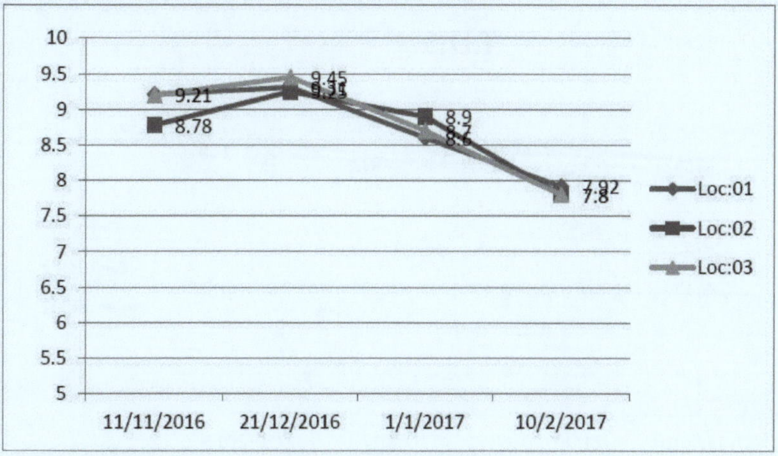

Figura: 03 Dados de S.T. Análise da amostra de água

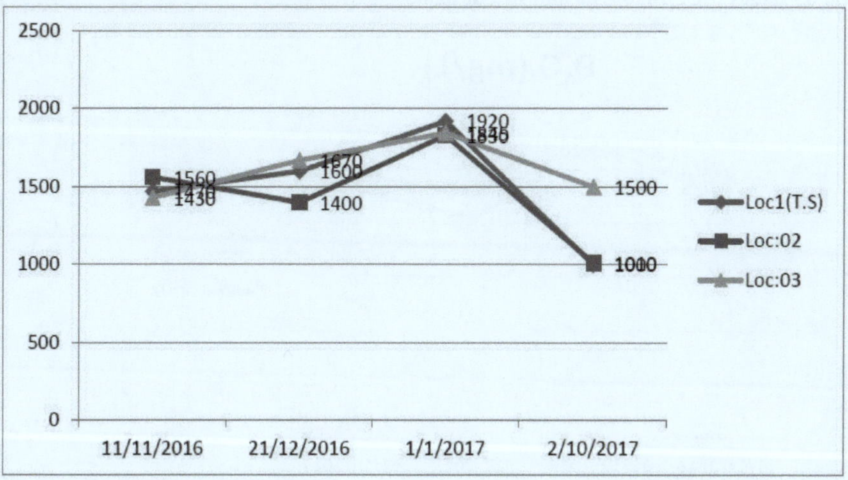

Figura: 04 Dados T.D.S. Análise da amostra de água

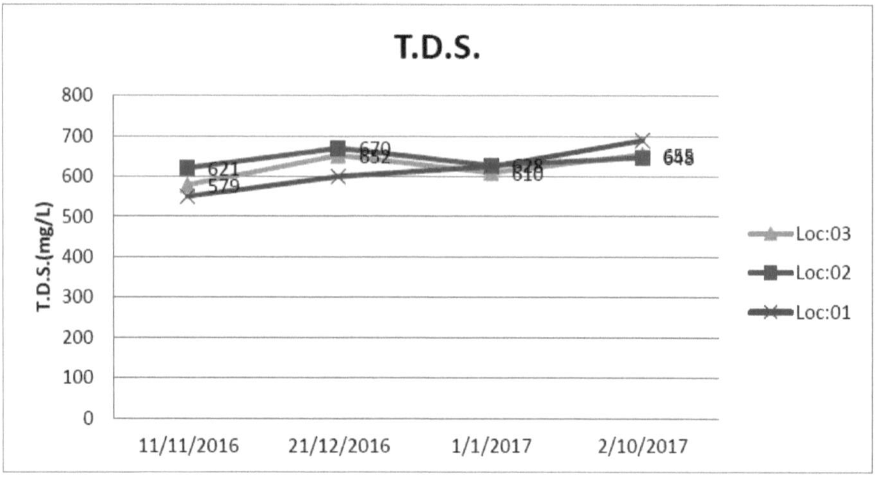

Figura: 05 Dados D.O. Análise da amostra de água

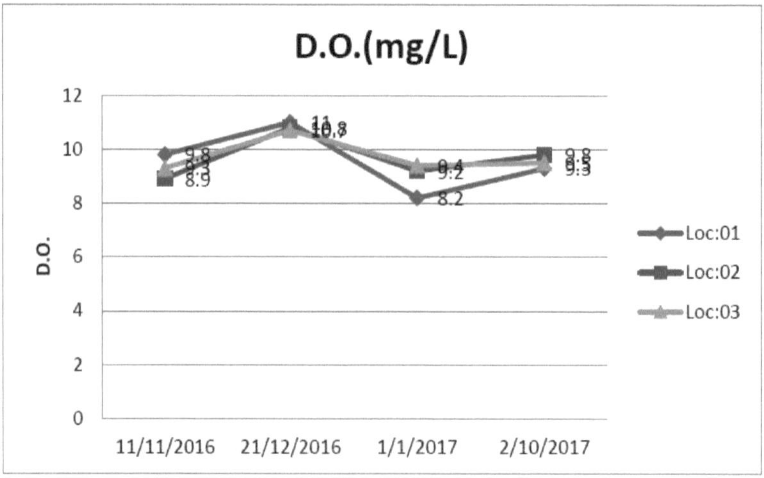

Figura: 05 Análise de dados B.O.D da amostra de água

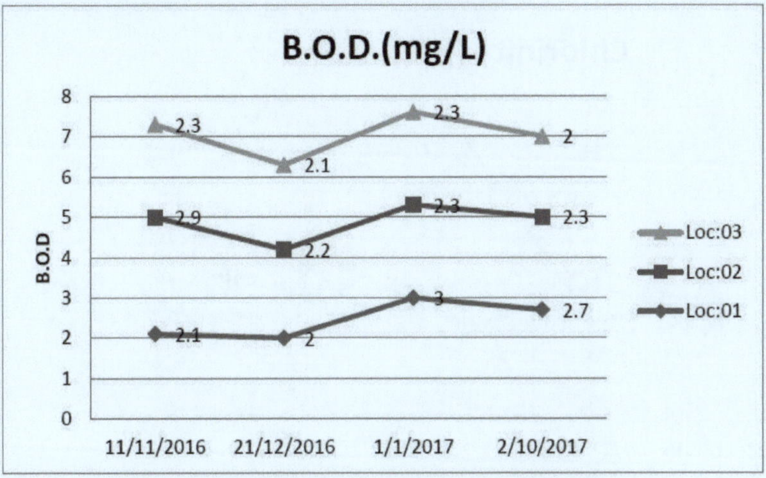

Figura: 06 Dados de dureza da água Análise da amostra de água

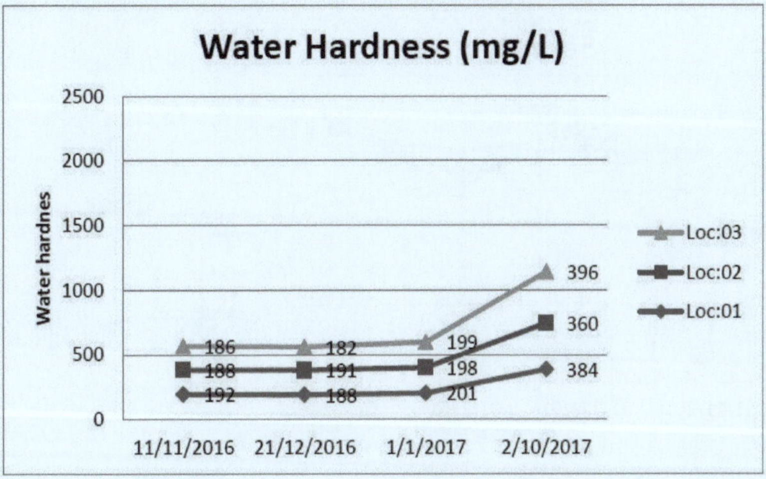

Figura: 07 Dados de clorinidade Análise da amostra de água

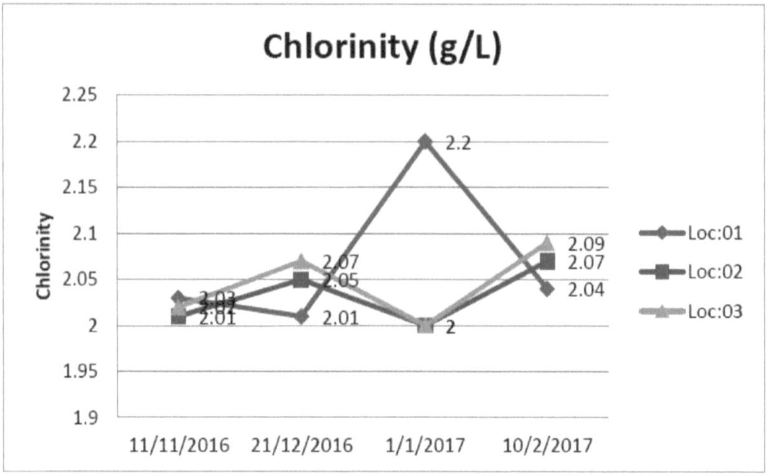

Figura: 07 Dados de clorinidade Análise da amostra de água

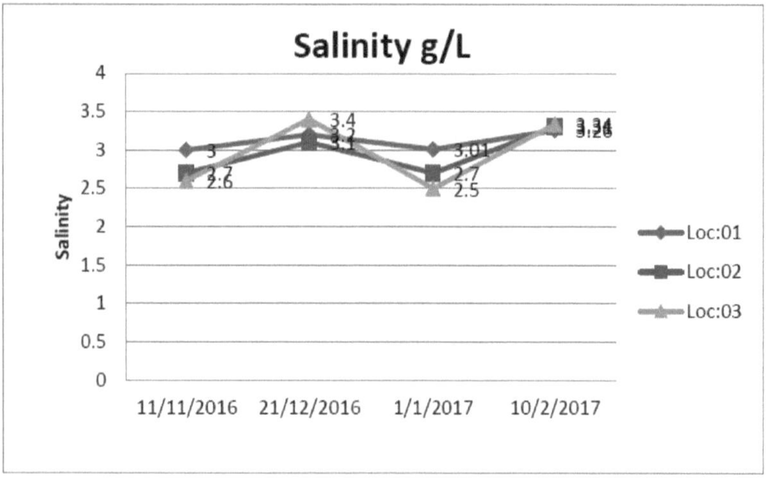

Análise de dados biológicos:

Figura: 08 Dados de clorofila Análise da amostra de água

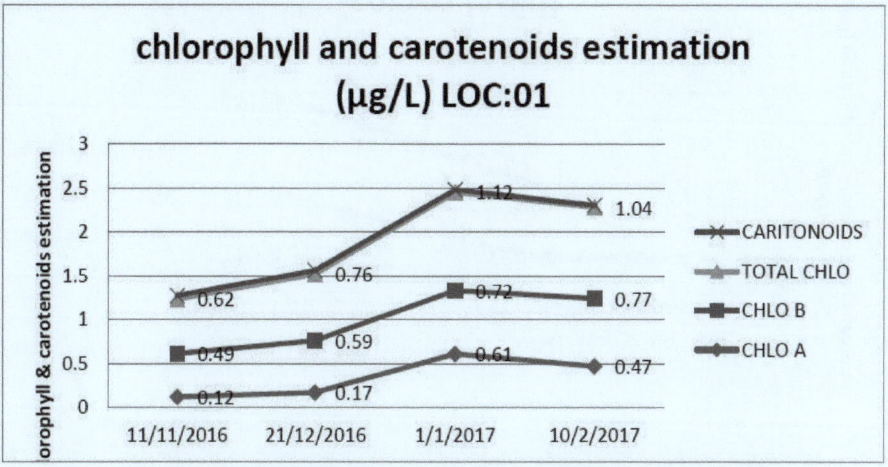

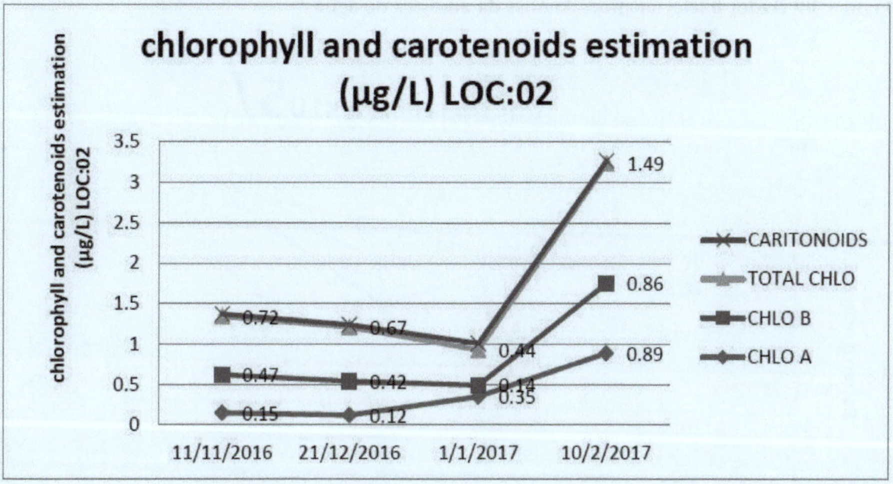

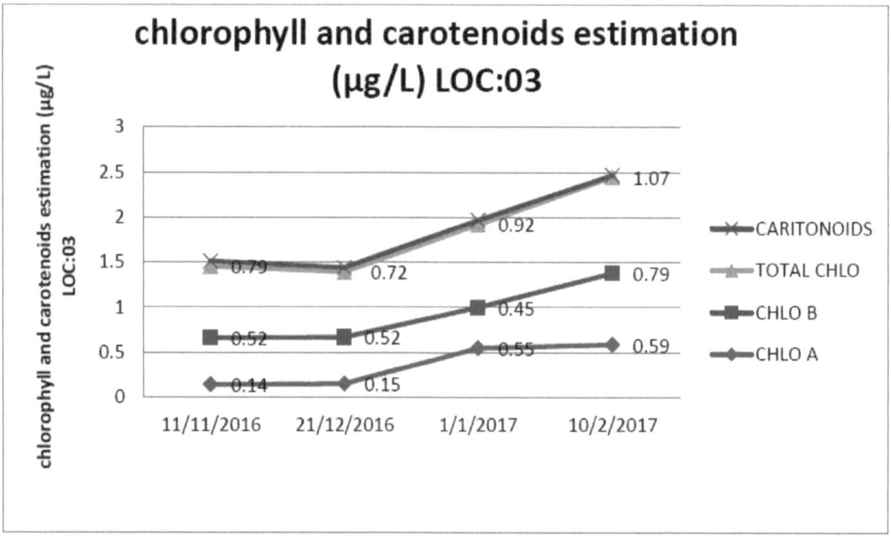

Figura: 09 Dados bacteriológicos Análise da amostra de água

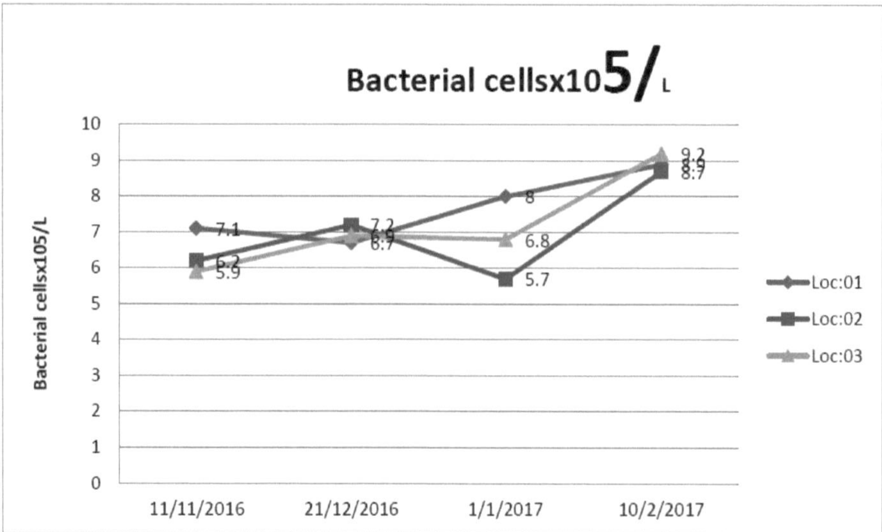

Figura: 01 Análise quantitativa da diversidade do fitoplâncton (análise de inverno)

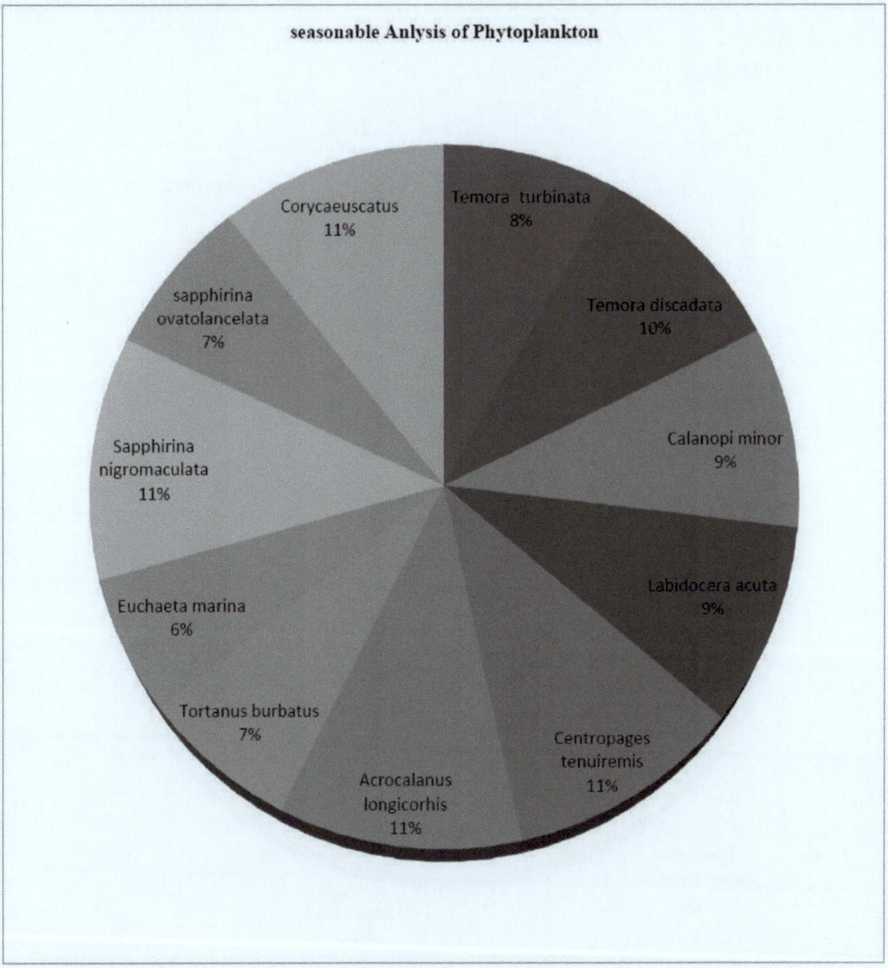

Figura: 02 Análise Quantitativa da Diversidade do Zooplâncton (Análise de inverno)

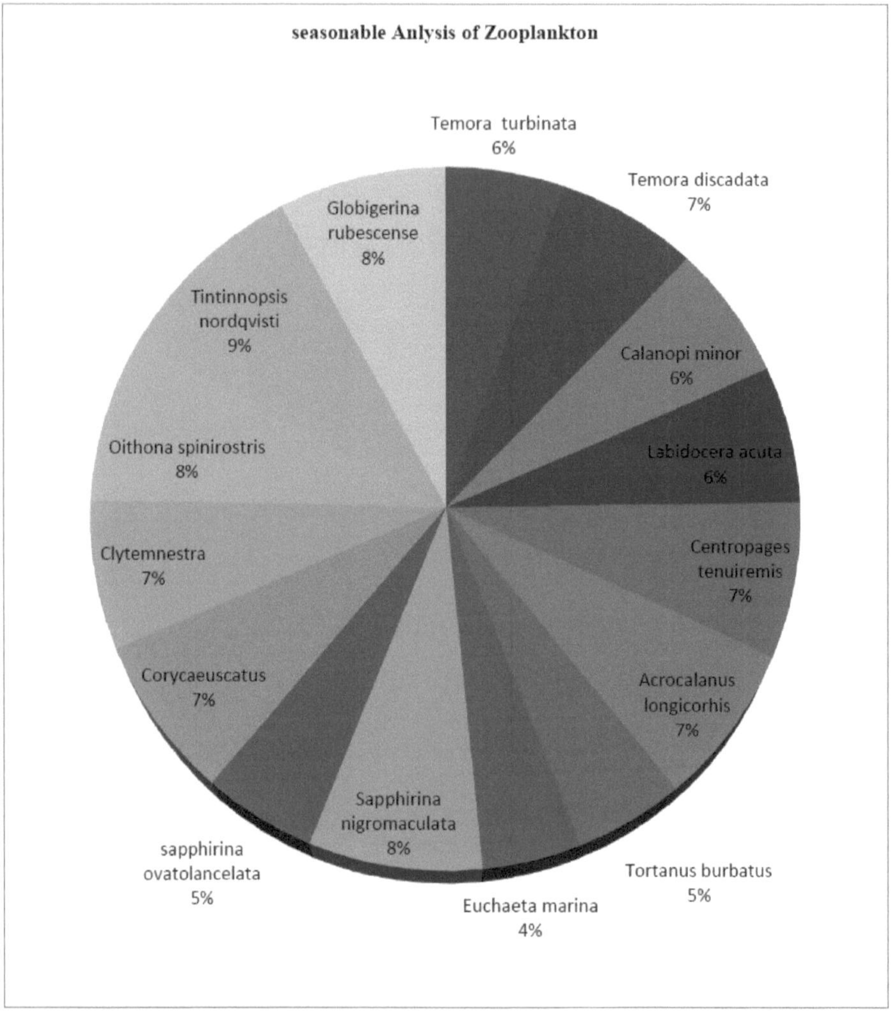

Diversidade de plânctons:

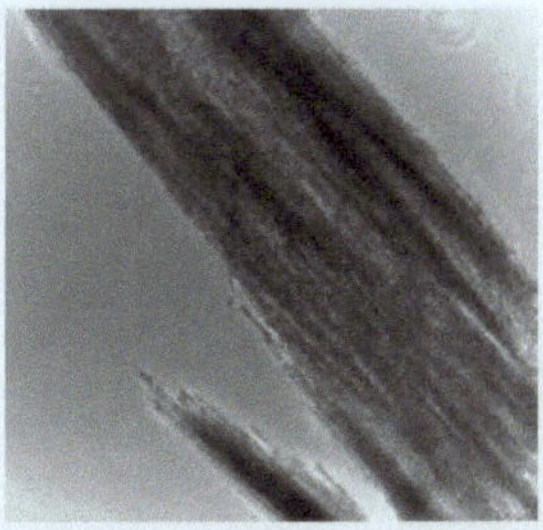

Aphanizomenon flos

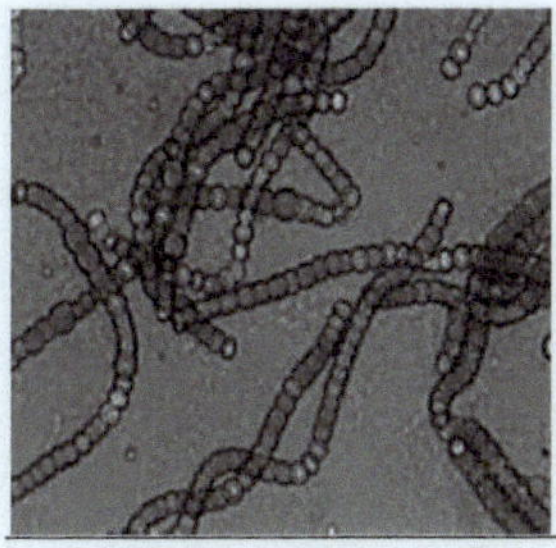

Nodularia spumigene

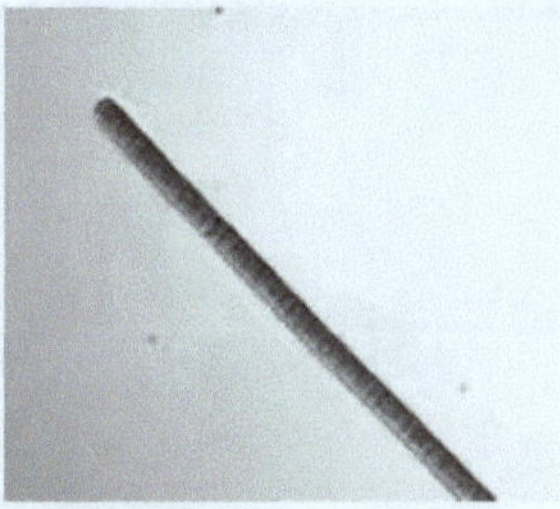

Planktothrix

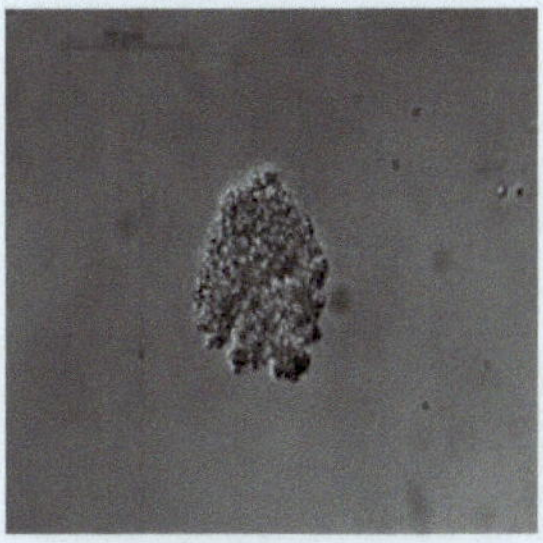

Gloeocapsa alpicola

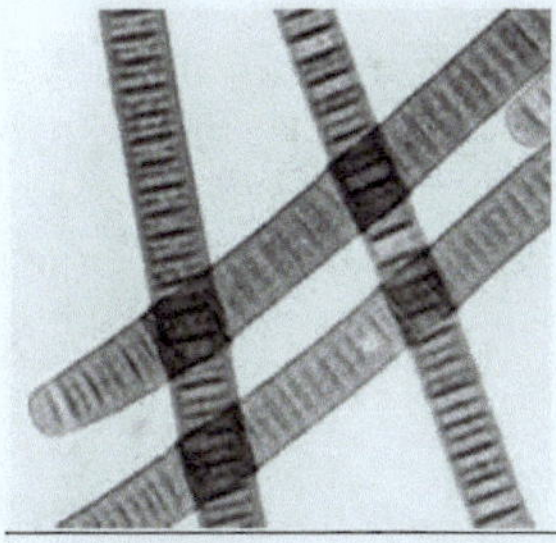

Oscillatoria

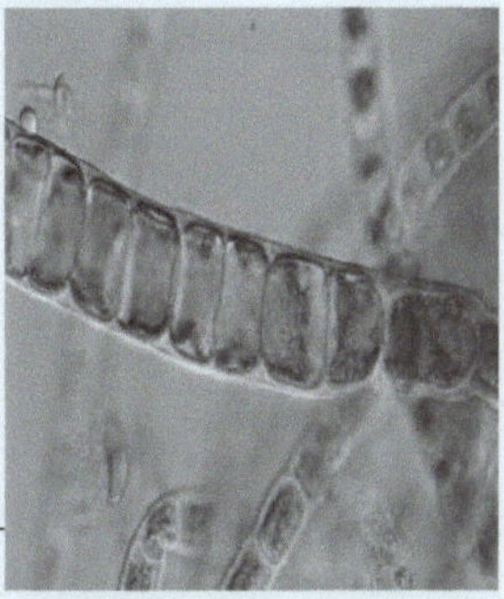

Spirulina

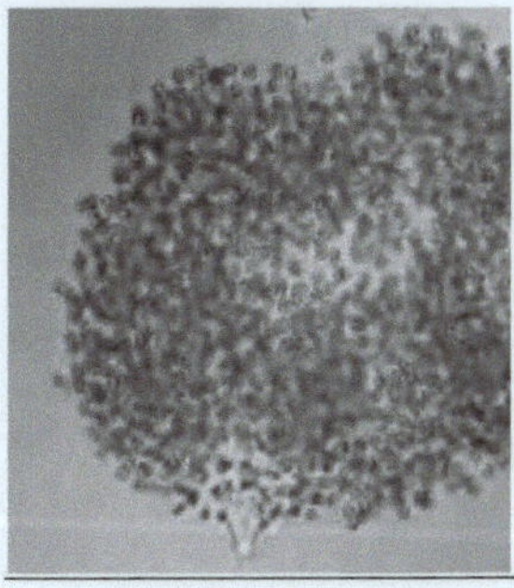

microcystis aeruginosa

oscillatoria lutea

Trichodesmium erythraeum

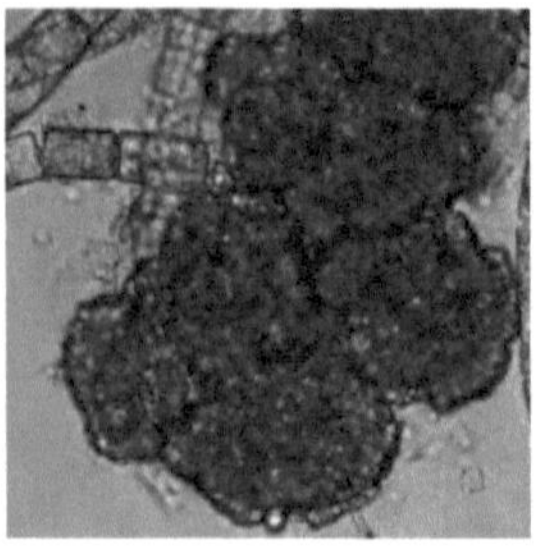

Woronichinia

Bacillaria paxillifer

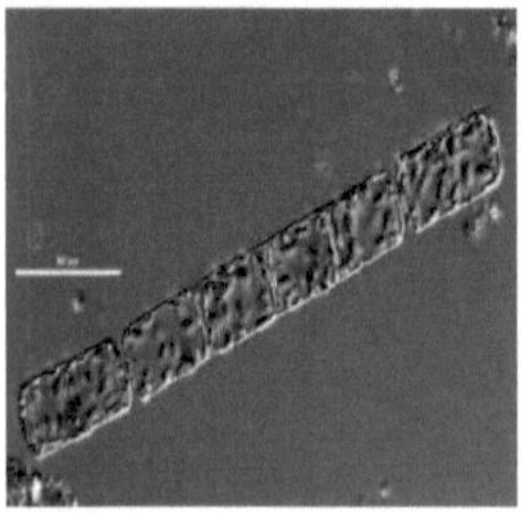

cerataulina pelagica

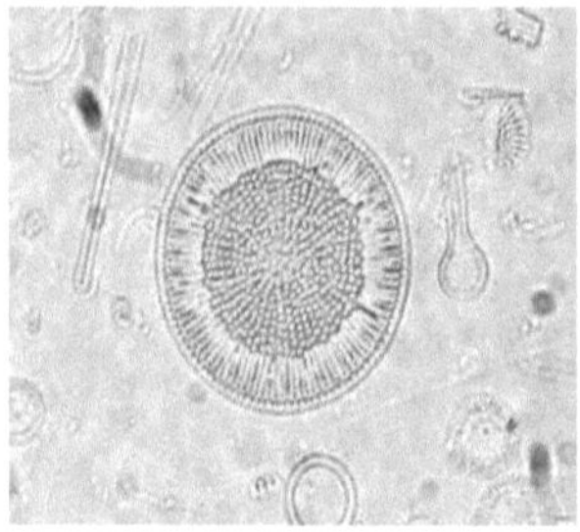

cyclotella spp

Fitoplâncton (Dytoms)

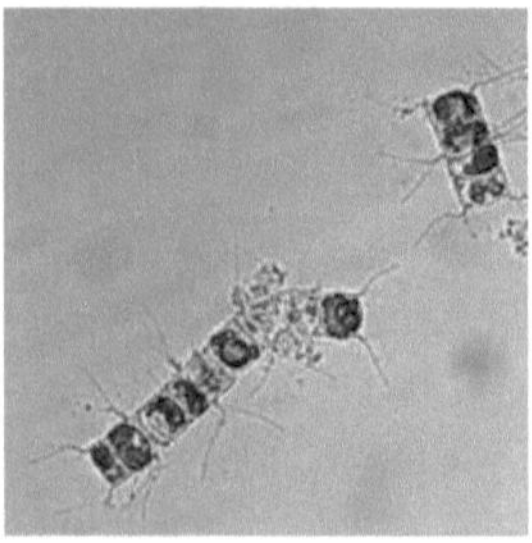

Attheya Spp.

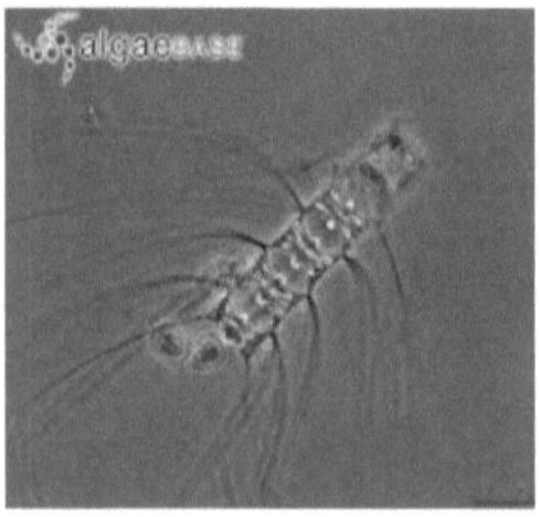

chaetoceros didymus

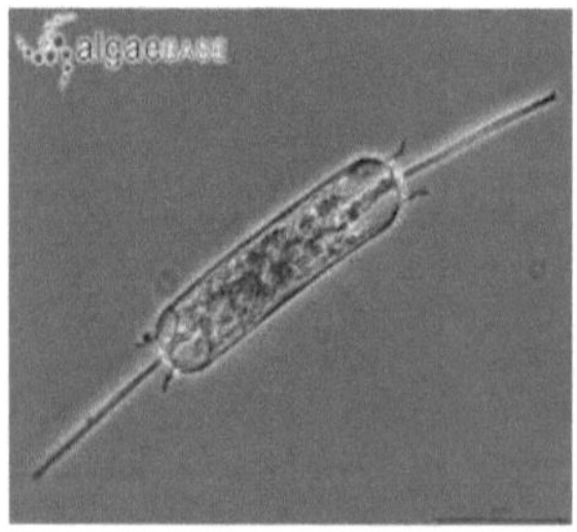

Ditylum brightwellii

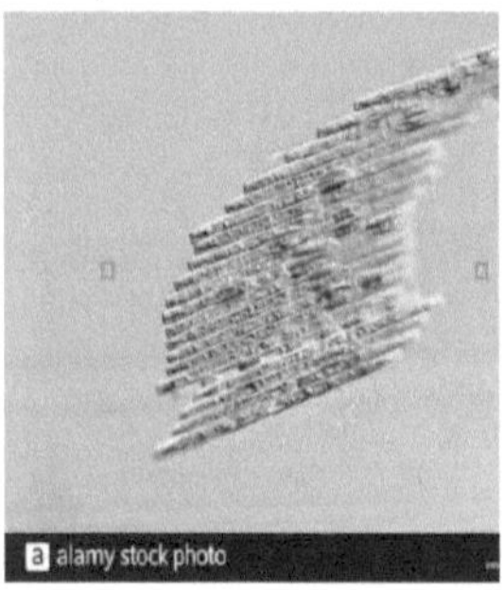

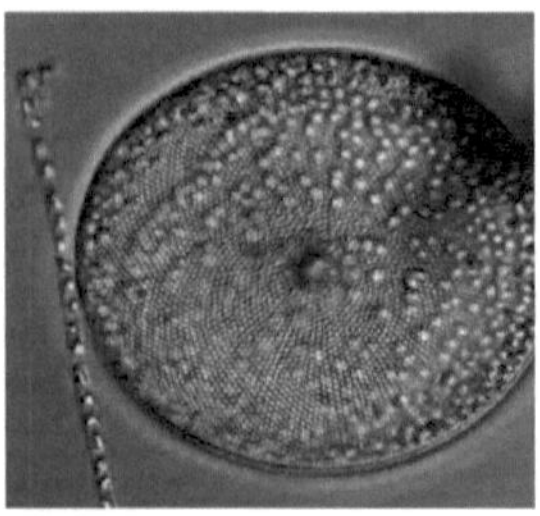

coscinodiscus centralis

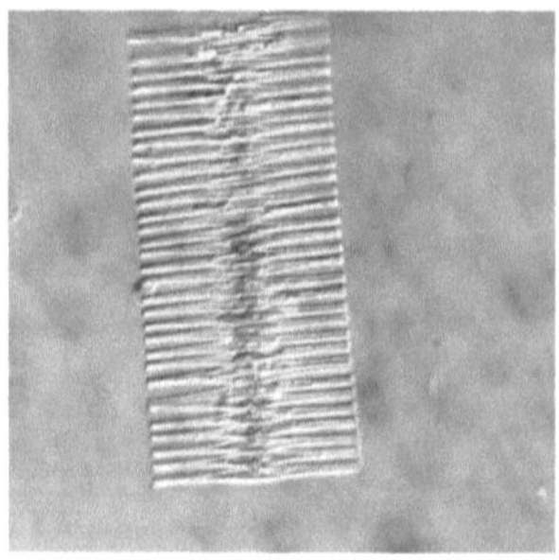

Fragilagia

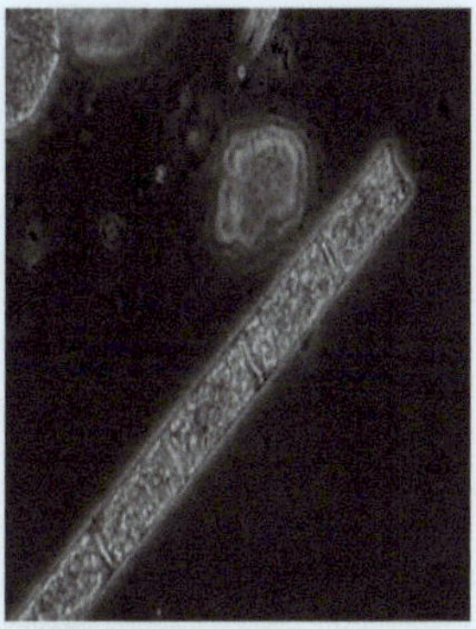

Hemiaulus

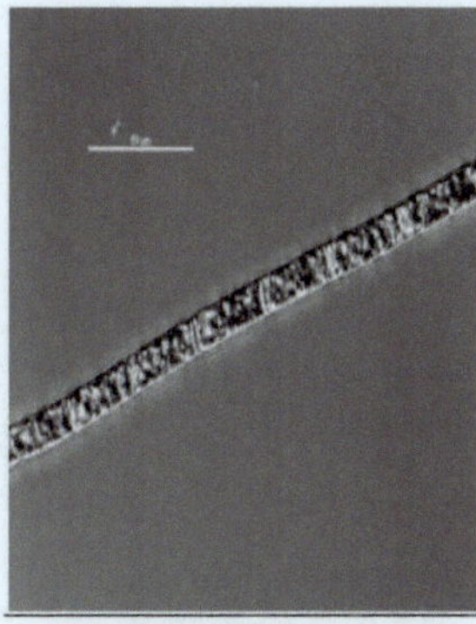

Leptocylindrus

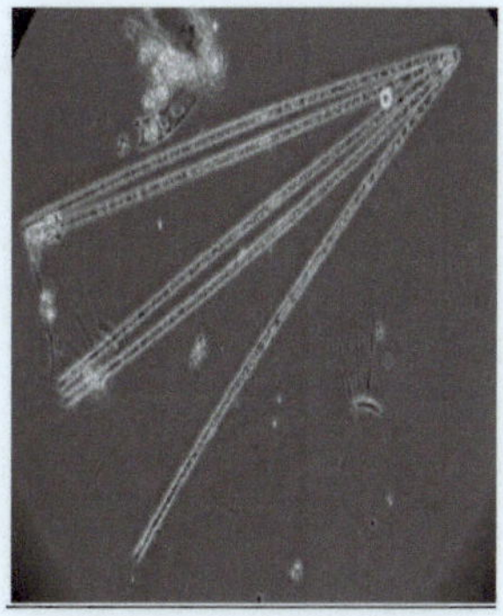

lioloma pacificum

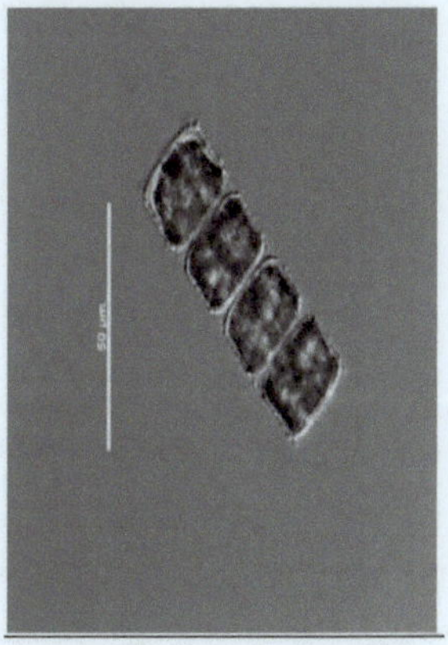

Lauderia

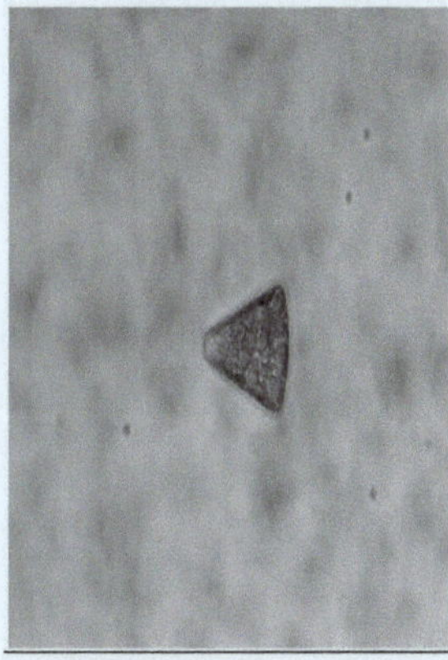

licmophora spp

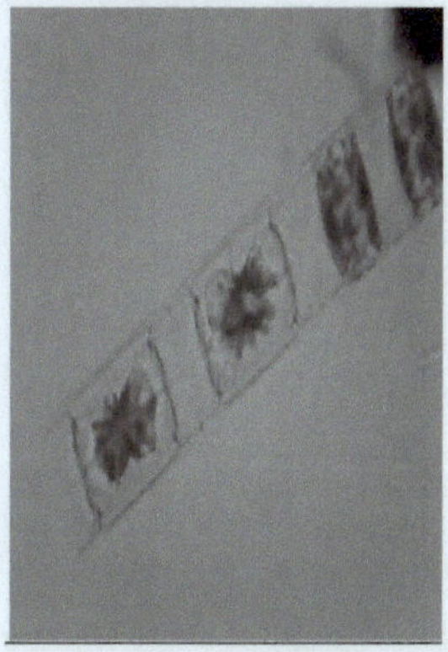

lithodesmium undulatum

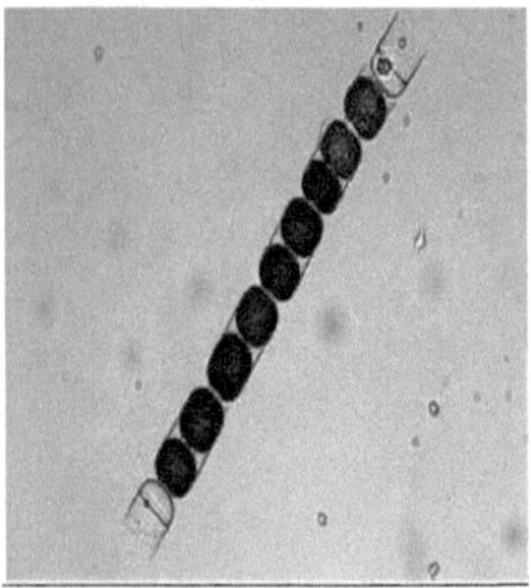

melosira varians

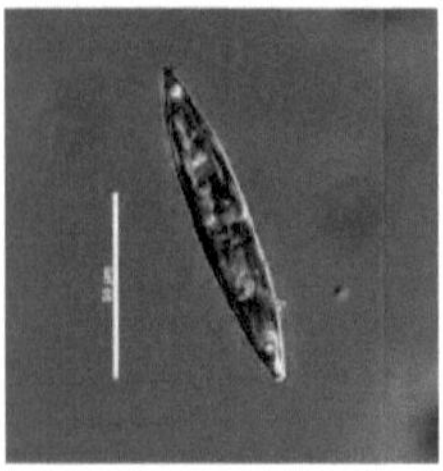

navicula spp

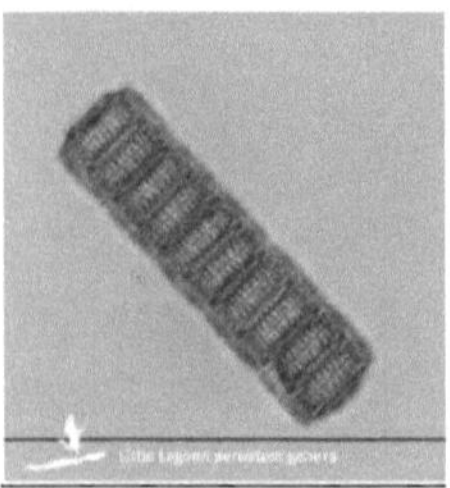

paralia spp

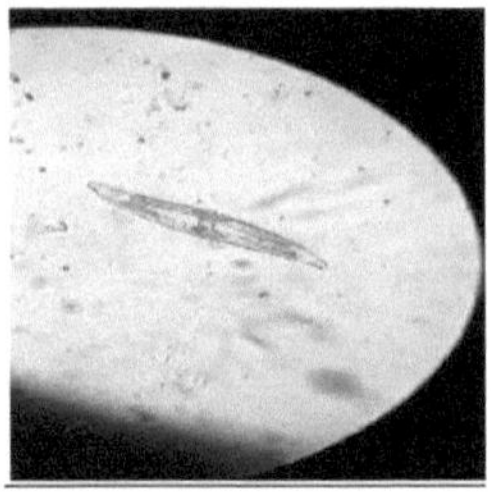

Pleurosigma

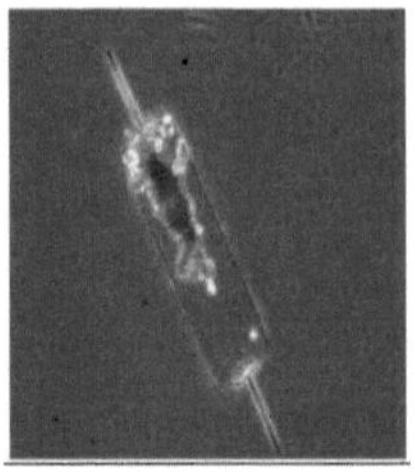

Rhizosolenia crassispina

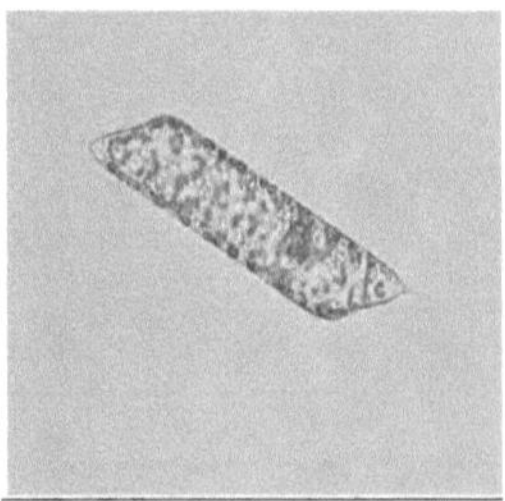

Thizosolenia imbricata

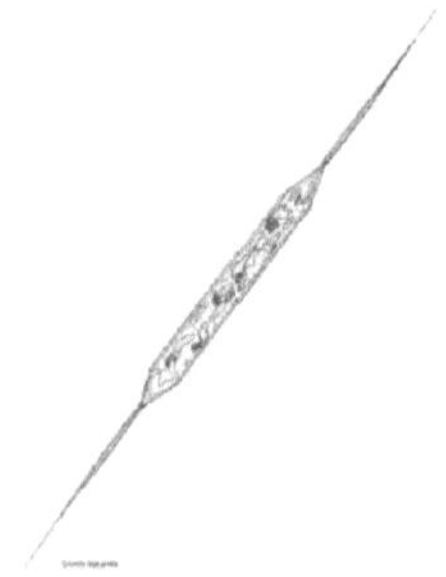

rhizosolenia setigera

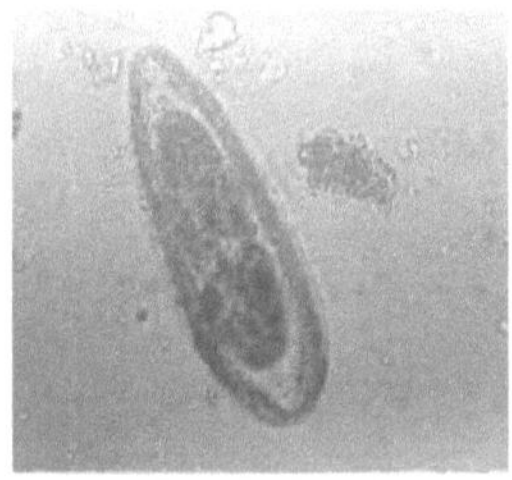

surirella spp

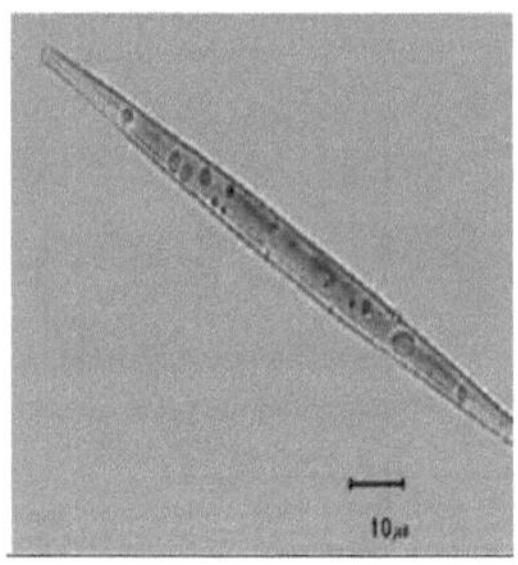

synedra spp.

Thalassinema

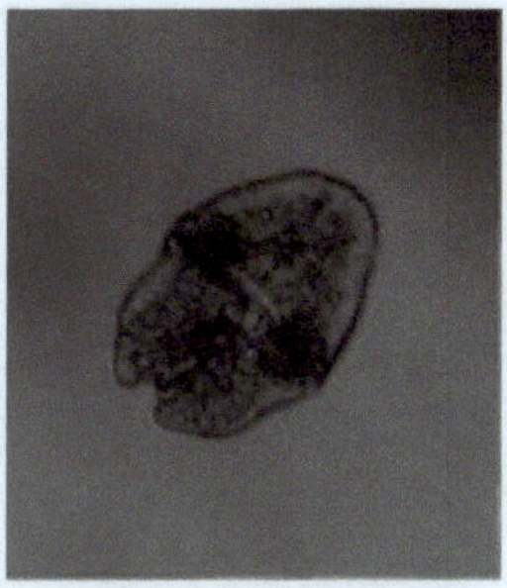

Alkashiwo sanguinnea

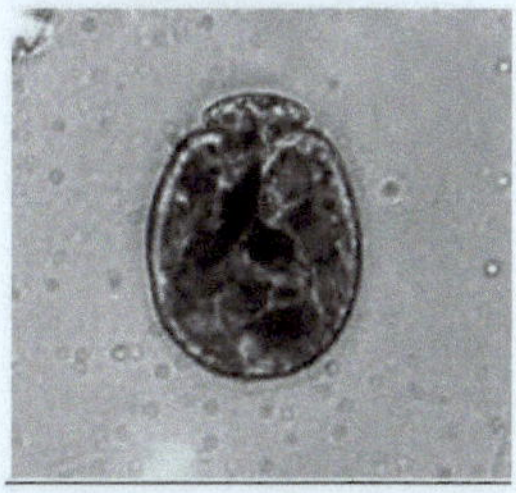

Amphidinium

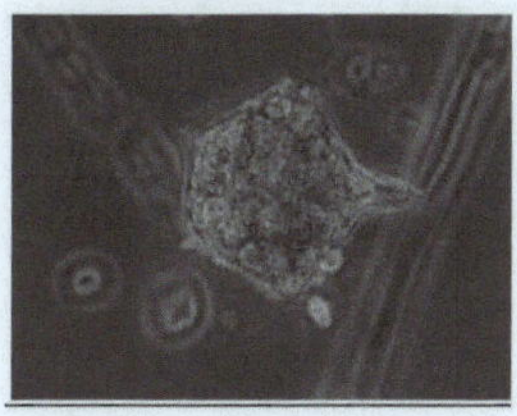

Amylax

Boreadiunium pisiforme

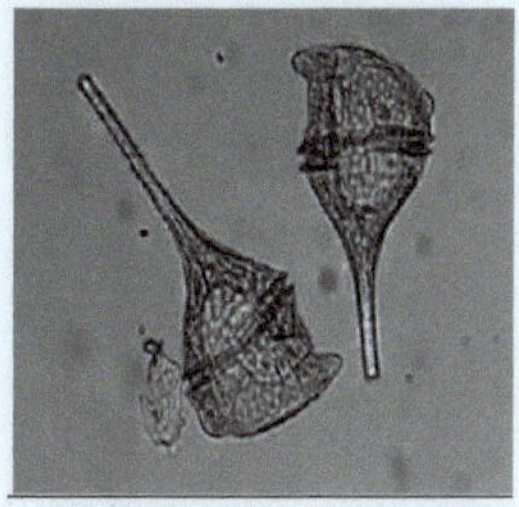

ceratium furca

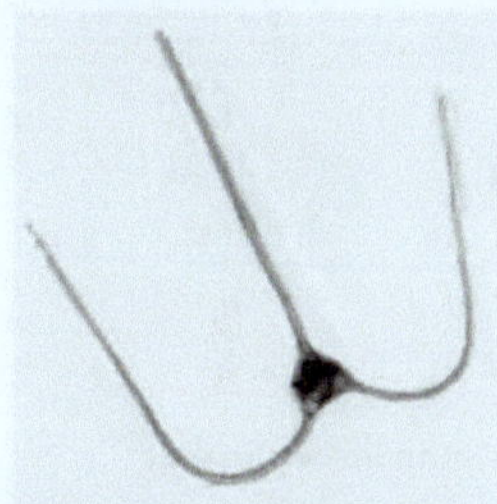

ceratium trichoceros

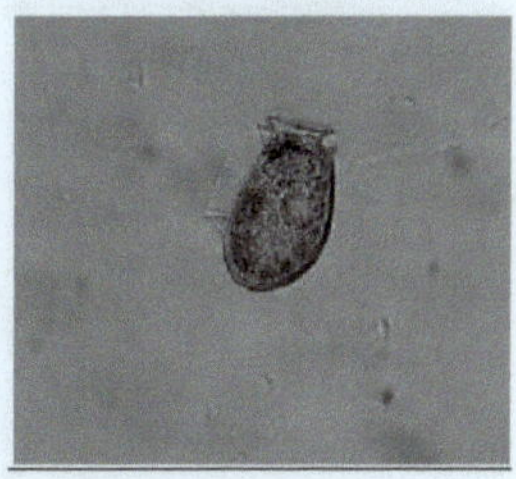

Dinophysis

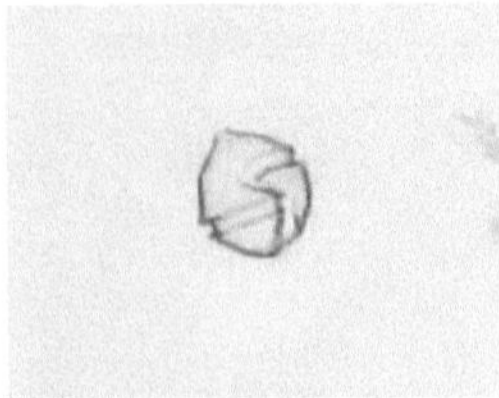

Gonyaulax spinifera

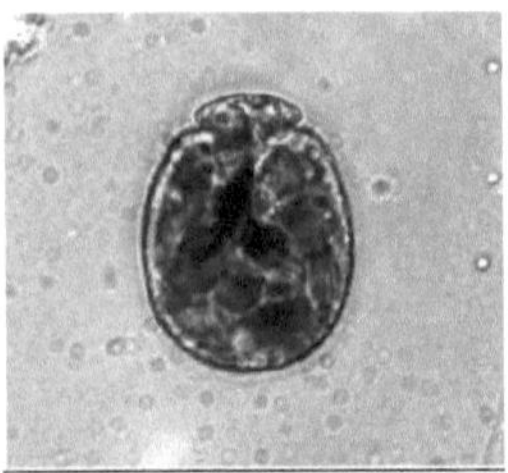

Gymnodinium baeve

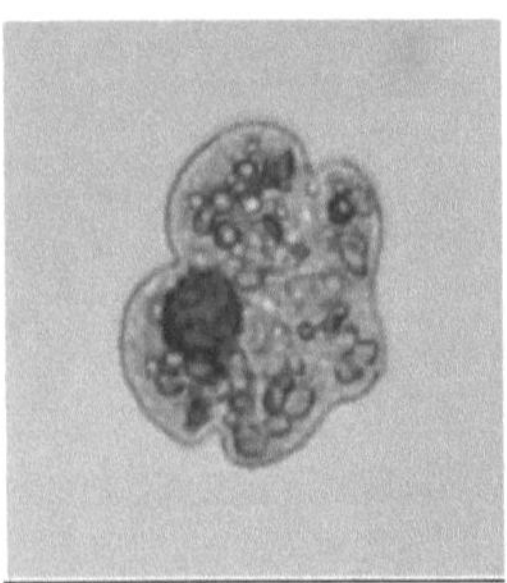

Karenia

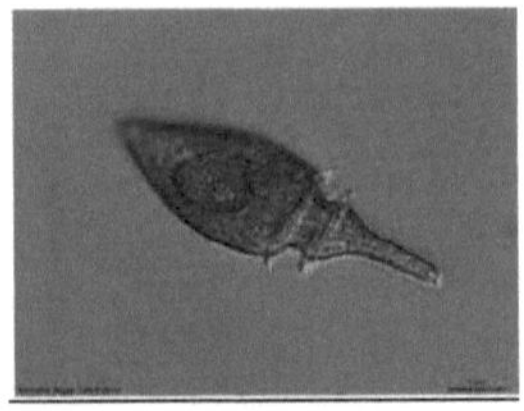

oxyphysis oxitoides

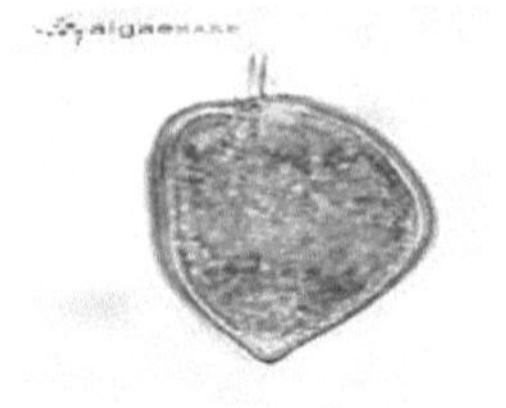

prorocentrum micans

Zooplanktons:

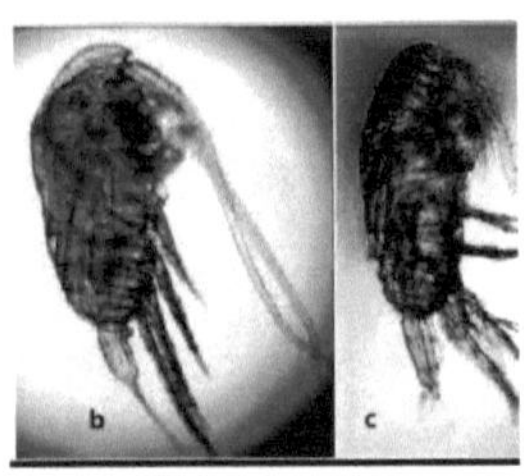

acrocalanus gibber

acrocalanus longicornis

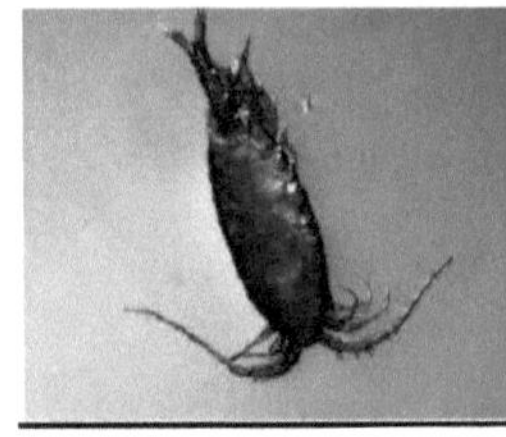

calanopia minor

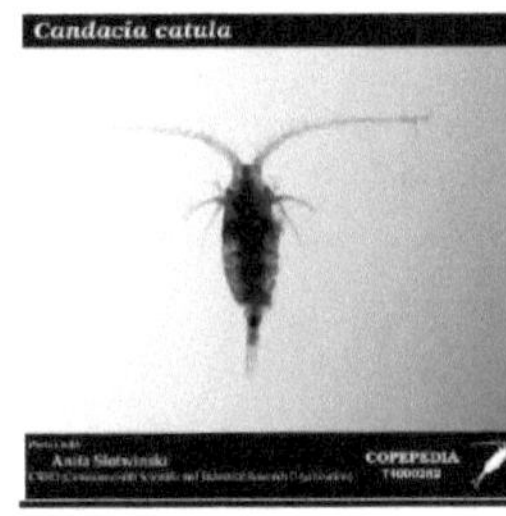

candacia catula

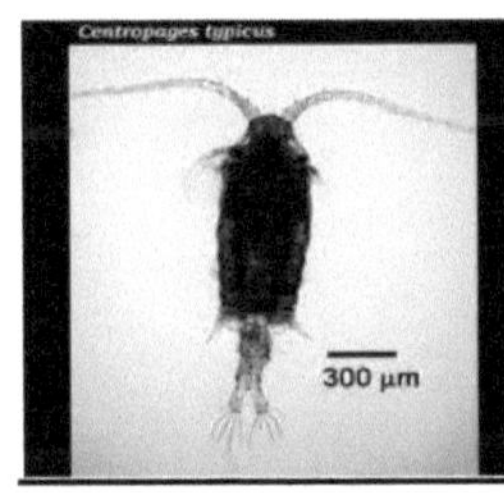

centropages furcatus

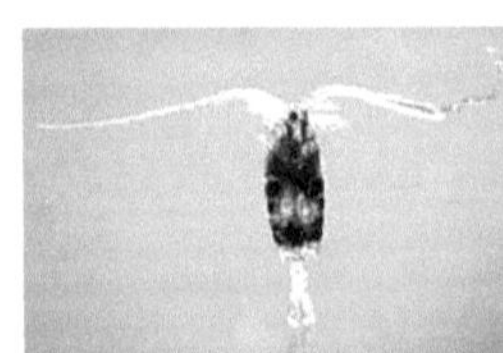

centropages tenuiremis

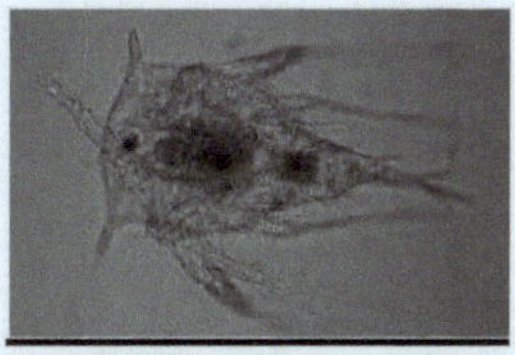

cirripede naupilus

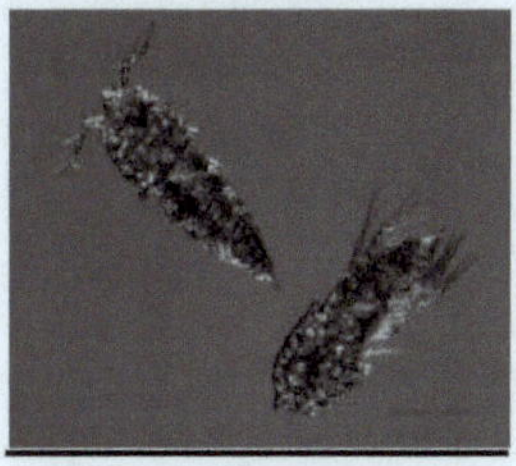

clytemnestra scutellate

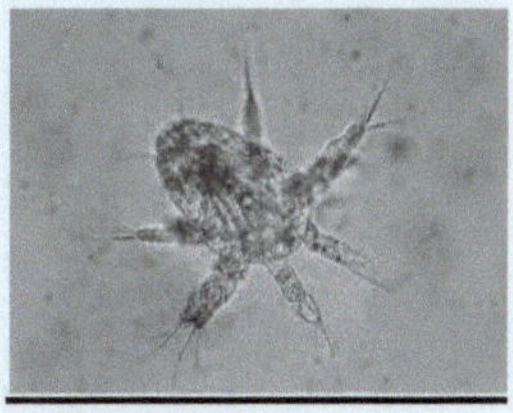

copepod nauplii

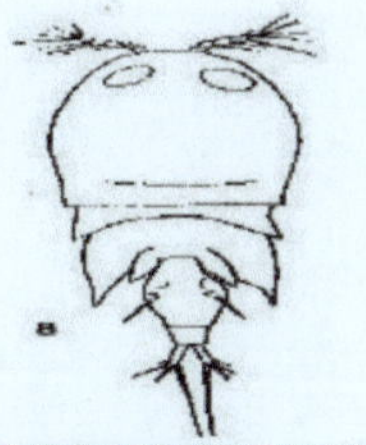

corycaeus catus

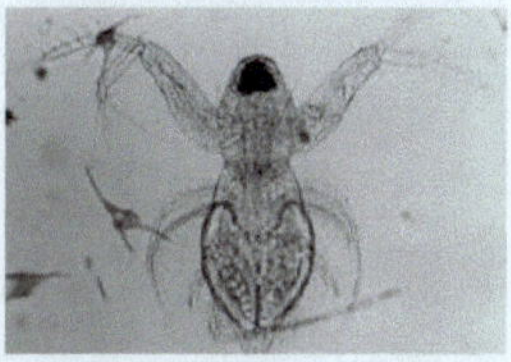

Diaphanosoma

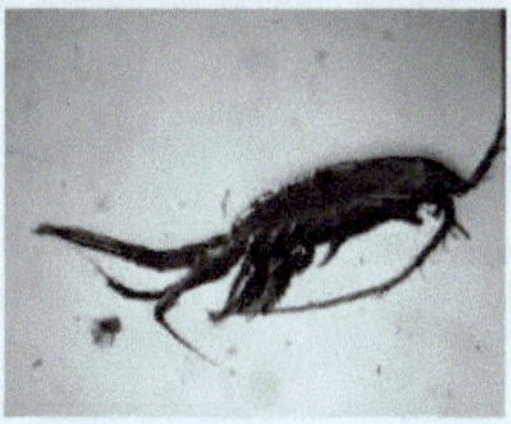

Euchaetamarina

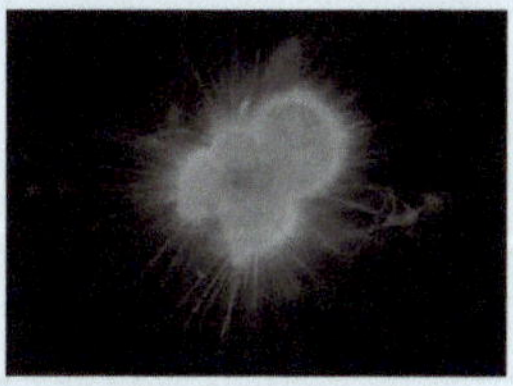

Globigerina rubescense

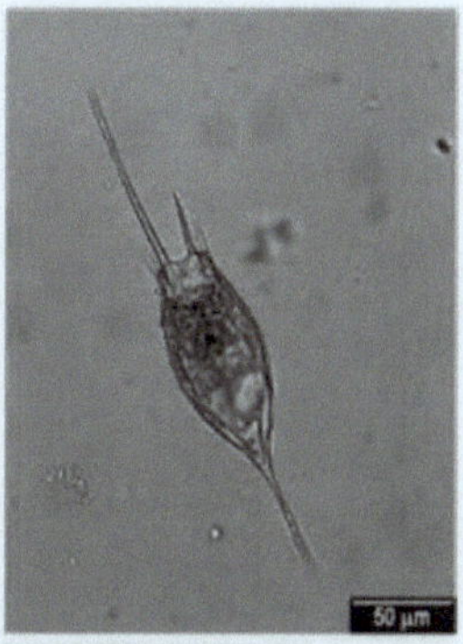

Figure 2. *Kellicottia bostoniensis.*

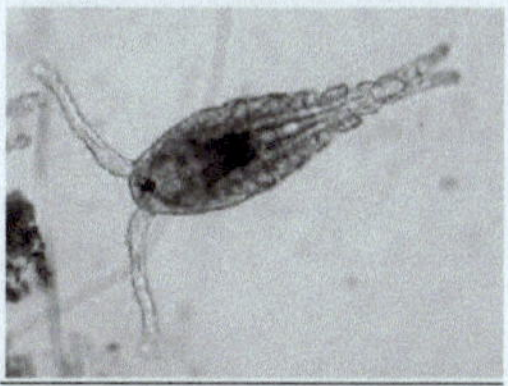

Nauplius

Penilia avirostris

sapphirina nigromaculgta

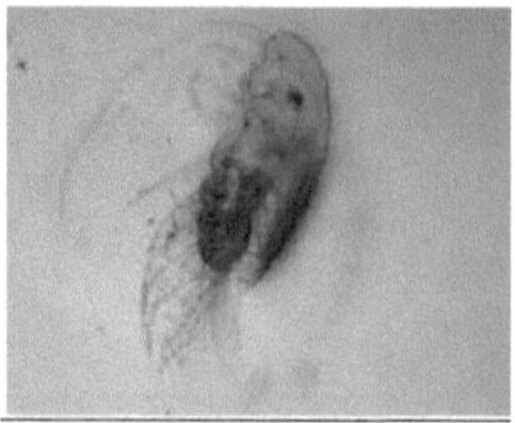

Temora discaudata

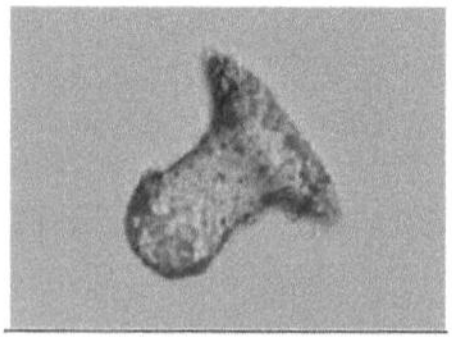

Tintinnopsis nordqvisti

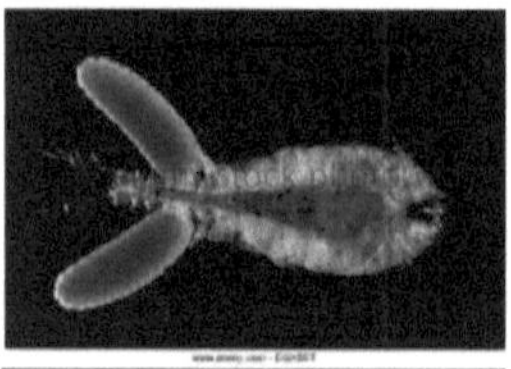

sapphirina ovatolanceolata

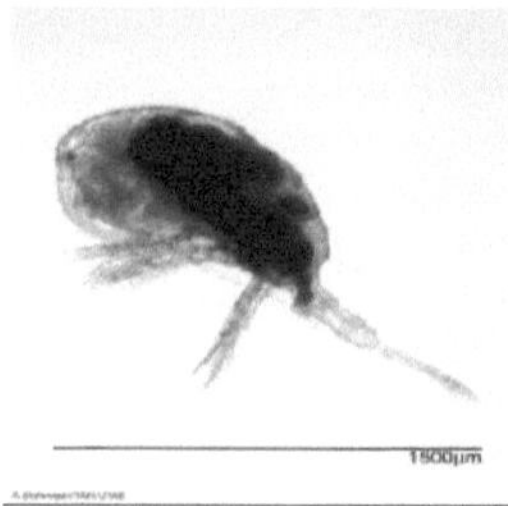

Temora turbinata

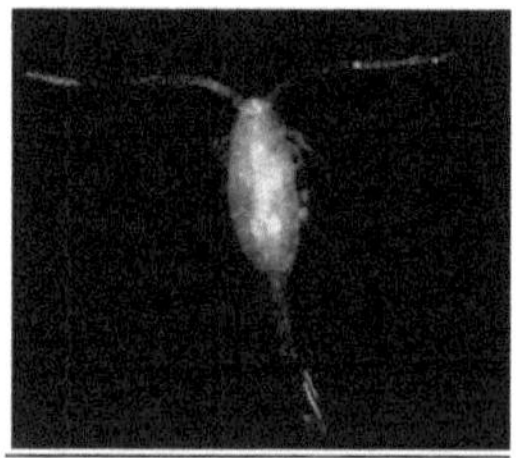

Tortanus barbatus

Capítulo 4. Conclusão

As zonas húmidas são muito importantes e mantêm a biodiversidade. Barda Bandharan é uma zona húmida temporária que se situa perto da aldeia de Barda, selecionámos um local perto da zona de Mul-Dwarka, onde se encontram várias aves migratórias de todo o mundo, investigámos os parâmetros físico-químicos que influenciam a biodiversidade e muitos outros parâmetros biológicos, isolámos mais de 13 spp.de fitoplâncton e 15 zooplâncton, o plâncton é um fator biótico muito importante para manter a qualidade da água, os microrganismos também desempenham um papel na manutenção de compostos orgânicos e inorgânicos no ecossistema aquático, a partir do estudo de caso de investigação acima referido, concluímos que o plâncton e a interação microbiana desempenham um papel importante na manutenção do ecossistema das zonas húmidas.

Referências

1. Associação Americana de Saúde Pública. 1992. Standard methods for the examination of water and wastewater. 18ª edição. Associação Americana de Saúde Pública. Washington, D.C., EUA.

2. Attayde, J. L., e R. L. Bozelli. 1998. Avaliação das propriedades indicadoras das assembleias de zooplâncton em relação aos gradientes de perturbação através da análise de correspondência canónica. Canadian Journal of Fisheries and Aquatic Sciences **55**:1789-1797.

3. Balcer, M. D., N. L. Korda, e S. I. Dodson. 1984. Zooplanktonof the Great Lakes. University of Wisconsin Press, Madison, Wisconsin, EUA.

4. Bertram, P., e N. Statler-Salt. 1999. Selection of indicators for Great Lakes basin ecosystem health (Seleção de indicadores para a saúde do ecossistema da bacia dos Grandes Lagos). Environment Canada e U.S. Environmental Protection Agency. Conferência sobre o Estado do Ecossistema dos Lagos 1998. [Em linha, URL:^Awww.cciw.ca/solec&.].

5. Berzins, B., e J. Bertilsson. 1989. On limnic micro-crustaceansand trophic degree. Hydrobiologia **185**:95-100.

6. Berzins, B., e B. Pejler. 1989. Rotifer occurrence and trophicdegree. Hydrobiologia **182**:171-180.

7. Botts, P. S. 1999. Zonas húmidas costeiras do Lago Erie: uma revisão e um estudo de caso dos invertebrados de Presque Isle. Páginas *995-1012/n*

8. E. Keas, e C. A. Stricker. 1999. Desenvolvimento de um índice preliminar de invertebrados de integridade biótica para as zonas húmidas do Lago Huroncoastal. Wetlands **19**:869-882.

9. Campbell, J. M. 1993. The cladoceran species of inshore habitats of Lake Erie at Presque Isle. Journal of the Pennsylvania Academy of Science **67**:115-119.

10. Cardinale, B. J., V. J. Brady, e T. M. Burton. 1998. Changes in the abundance and diversity of coastal wetland fauna from the open water/macrophyte edge towards shore. Wetlands Ecology and Management **6**:59-68.

11. Chow-Fraser, P. 1998. Um modelo concetual para ajudar à restauração de Cootes Paradise Marsh, uma zona húmida costeira degradada do Lago Ontário, Canadá. Wetland Ecology and Management **6**:43-57.

12. Chow-Fraser, P. 1999. Variabilidade sazonal, interanual e espacial nas concentrações de sólidos suspensos totais numa zona húmida costeira degradada do Lago Ontário. Journal of Great Lakes Research **25**:799-813.

13. Chow-Fraser, P., e D. A. Albert. 1999. Coastal wetland ecosystems: biodiversity investment areas. EnvironmentCanada e U.S. Environmental Protection Agency. Conferência sobre o Estado do Ecossistema dos Lagos 1998. [Em linha, URL:Awww.cciw.ca/solec&.].

14. Chow-Fraser, P., V. Lougheed, V. Le Thiec, B. Crosbie, L.Simser, e J. Lord. 1998. Long-term response of the bioticcommunity to fluctuating water levels and changes in waterquality in Cootes Paradise Marsh, a degraded coastal wetlandof Lake Ontario. Wetland Ecology and Management **6**:19-42.

15. Crosbie, B., e P. Chow-Fraser. 1999. A percentagem de utilização do solo na bacia hidrográfica determina a qualidade da água e dos sedimentos de 22 pântanos na bacia dos Grandes Lagos.

Canadian Journal of Fisheries and Aquatic Sciences **56**:1781-1791.

16. Cyr, H., e J. A. Downing. 1988. Empirical relationships of phytomacrofaunal abundance to plant biomass and macrophyte bed characteristics. Canadian Journal of Fisheries

17. e Ciências Aquáticas **45**:976-984.

18. Derevenskaya, O. Yu., e N. M. Mingazova. 2000. Communitiesof zooplankton in lakes in the course of their contamination and restoration. Hydrobiological Journal **36**:1-7.

19. Gaiser, E. E., e K. L. Lang. 1998. Distribuição do zooplâncton cladócero nas zonas húmidas de pradaria no noroeste do Iowa. Lake and Reservoir Management **14**:37-51.

20. Gannon, J. E., e R. S. Stemberger. 1978. Zooplâncton (especialmente crustáceos e rotíferos) como indicadores da qualidade da água. Transactions of the American Microscopal Society **97**:16-35.

21. Gathman, J. P., T.M. Burton, e B. J. Armitage. 1999. Zonas húmidas costeiras dos Grandes Lagos superiores: distribuição de comunidades de invertebrados em resposta à variação ambiental. Páginas 949-994 *em*

22. D. P. Batzer, R. B. Rader, e S.A. Wissinger, editores. Invertebrados em zonas húmidas de água doce da América do Norte. John Wiley & Sons, Canadá.

23. Hessen, D. O., B. A. Faafeng, e T. Andersen. 1995. Replacement of herbivore zooplankton species along gradients of ecosystem productivity and fish predation pressure.Canadian Journal of Fisheries and Aquatic Sciences **52**: 733-742.

24. Jongman, R. H. G., C. J. F. ter Braak, e O. F. R. van Tongeren. 1995. Data analysis in community and landscape ecology. Cambridge University Press, Cambridge, Reino Unido.

25. Karr, J. R. 1981. Avaliação da integridade biótica utilizando comunidades de peixes. Pescas **6**:21

26. Karr, J. R. 1991. Biological integrity: a long-neglected aspect of water resource management (Integridade biológica: um aspeto há muito negligenciado da gestão dos recursos hídricos). Ecological Applications **1**:66-84.

27. Keddy, P. A., H. T. Lee, e I. C. Wisheu. 1993. Escolha de indicadores de integridade do ecossistema: as zonas húmidas como um sistema modelo.Páginas 61-79 *em*

28. S. Woodley, J. Kay, e G. Francis, editores. Ecological integrity and the management of ecosystems.St. Lucie Press, Delray Beach, Florida, USA.

29. Kelly, M. G., e B. A. Whitton. 1995. The trophic diatom index: a new index for monitoring eutrophication in rivers.Journal of Applied Phycology 7:433-444.

30. Krieger, K. A. 1992. The ecology of invertebrates in Great Lakes coastal wetlands: current knowledge and research needs. Journal of Great Lakes Research **18**:634-650.

31. Krieger, K. A., e D. M. Klarer. 1991. Dinâmica do zooplâncton num pântano costeiro dos Grandes Lagos. Journal of Great Lakes Research **17**:255-269.

32. Lenat, D. R. 1993. A biotic index for the southeastern United States: derivation and list of tolerance values, with criteria for assigning water-quality ratings. Journal of North American Benthological Society **12**:279-290.

33. Lougheed, V. L., e P. Chow-Fraser. 1998. Factores que regulam a estrutura da comunidade

zooplanctónica de uma zona húmida turva e hipereutrófica dos Grandes Lagos. Canadian Journal of Fisheries and Aquatic Sciences **55**:150-161.

34. Lougheed, V. L., e P. Chow-Fraser. *No prelo.* Spatial variability in the response of lower trophic levels after biomanipulation in a freshwater marsh. Journal of Aquatic Ecosystem Stress and Recovery.

35. Lougheed, V. L., B. Crosbie, e P. Chow-Fraser. 1998. Previsões sobre o efeito da exclusão da carpa comum *(Cyprinus carpio)* na qualidade da água, zooplâncton e macrófitas submersas numa zona húmida dos Grandes Lagos. Canadian Journal of Fisheries and Aquatic Sciences **55**:1189-1197.

36. Adebisi A (1981). Analysis of the stomach contents of the piscivorous fish of the upper Ogun River in Nigeria (Análise do conteúdo estomacal dos peixes piscívoros do alto rio Ogun na Nigéria*)*. Hydrobiology, 79: 167-177.

37. Adeniyi HA (1978). Distribuição vertical diurna do zooplâncton durante a estratificação no lago Kainji, Nigéria. Int. J. Limnol, 20: 1677-1689.

38. Ajuonu N, Ukaonu SU, Oluwajoba EO, Mbawuike BE, Williams AB, Myade EF (2011). A abundância e a distribuição das espécies de plâncton no estuário de Bonny, Nigéria. Agric. Biol. J. North Am., 2:

39. Adoni, A., Joshi, D.G., Chourasia, S.K.,Vaishya, A.K., Yadav, M. and Verma, H.G. Workbook on limnology, Pratibha Publisher, Sagar.1-166 (1985).2. APHA (American public health association).Standard methods for the examination ofwater and waste water. APHA. AWWA. WPFC,16 Ed. Nova Iorque (1998).

40. Altman, J. Observational study of Behaviour,Sampling Methods, *Behaviour,* **49**: 227267(1974). variations and distribution of zooplankton inLake Asejire, Nigeria, *Rev. Zoo. Afr,* **95**: 136-180 (1981).

41. Gaston, A. J. Métodos de estimativa das populações de aves. *J. Bomb. Nat. Hist. Soc.,* **72**: 271273 (1975).

42. Gupta, R.C. e Bajaj, M. Preliminary investigation into migratory wetland birds of Brahma Sarovar at Kurukshetra. *Jeevanti* **15**: 29-41 (1997).

43. Hosetti, B. B. e Caplan, G. Status of wildlifemanagement in India. Em 'Trends in wildlifeBiodiversity conservation and management'Vol. 1 edição Hosetti, B. B. e Venkateshwarlu, M., Daya PublishingHouse, Delhi. 1-11 (2001).

44. Hoch, M.P., Dillon, K.S., Coffin, R.B. and Cifuentes, L.A. Sensitivity of bacterioplankton nitrogen metabolism to eutrophication in sub-tropical coastal water of Key West Florida. *Mar. Pollut. Bull,* **56**: 913-926 (2008).

45. Kothari, A. People's participation in the conservation of biodiversity in India. In:Widening perspectives on Biodiversity (eds.A.F. Krattiger *et al.):* Natraj Publishers,Dehradun: pp: 137-146 (1994).

46. Kumar, P., Wanganeo, A., Wanganeo, R.,Sonaullah, F. Variações sazonais na diversidade de zooplâncton da lagoa ferroviária, Sasaram, Bihar. *International Journal ofEnvironmental Sciences,* **2**: 1007-1016 (2011).

47. Mary Kensa, V. Inter-relação entre os parâmetros físico-químicos e a diversidade de fitoplâncton de dois lagos perenes da área de Kulasekharam, distrito de Kanyakumari, Tamilnadu. *Plant Science*

Feed, **1**(8)147-154 (2011).

48. Mwebaza-Nadwula, L., Sekiranda, S.B.K. and Kiggundu, V. Variability in zooplankton community along a section of the Upper Victoria Nile, Uganda, *Afr. J. Ecol.,* **43**: 251-257 (2005).

49. Atlas Nacional de Zonas Húmidas: Haryana, SAC/RESA/AFEG/NWIA/ATLAS/15/2010, Centro de Aplicações Espaciais (ISRO), Ahmedabad, Índia, 148p.

50. . Rao, R.J. Status and conservation of aquaticspecies diversity in certain water bodies of Madhya Pradesh.Proceedings of Taal2007: A 12ª Conferência Mundial sobre Lagos: 416423(2008).

51. Guher H Mert, Erikli, Hamam Ve Pedina neada, Kyrklareli) Goller'inin Zooplanktonik Organizmalar In Kommunite Yapysy, E.U. *Su Urunleri Dergisi,* **20**(1-2): 51-62 (2003).

52. Grimmett, R., Inskpp, C. e Inskipp, T. Pocketguide to the birds of the Indian subcontinent.Oxford University Press, Delhi (1999).

53. Manakadan, Ranjit & Aasheesh Pittie. Standardised common and scientific namesof the birds of the Indian Subcontinent.*Buceros* **6** (1): i-ix, 1-37 (2001).

54. Needham, J.E. e Needham, P.R. A guide to the study of fresh water biology (Guia para o estudo da biologia da água doce). Holden Day Inc. São Francisco. Califórnia (1972).

55. Sale, JB. E Berkmuller, K. Manual of wildlife techniques for India. Documento de campo n.º 11. FAO, Nações Unidas, Dhera Dun, Índia. 243 (1988).

56. Saksena ND Rotifer As indikators of water quality, *Ata Hydrocim. Hydrobiol.* **15**: 481485 (1987).

57. Shekhar, R.T., Kiran, B.R., Puttaiah, E.T.,Shivaraj, Y. e Mahadevan, K.M.Phytoplankton as index of water quality withreference to industrial pollution. *Journal ofEnvironmentalBiology,* **29**: 233-236 (2008).

58. Tirshem Estudo da fauna aviária das zonas húmidas de Haryana. Tese de doutoramento, Universidade de Kurukshetra, Kurukshetra (2008).

59. Tiwari, A. e Chauhan, S.V. Seasonalphytoplanktonic diversity of Kitham lake,Agra. *Jornal de Biologia Ambiental,* **27**:35-38 (2006)

60. Aneni IT, Hassan AT (2003). Effect of pollution on seasonal abundance of plankton in Kudeti and Onireke streams, Ibadan, Nigeria. Zoologia, 2: 76-83.

61. Bellinger GE, Siegee, DC (2010). Fresh Water Algae: Identification and Use as Bioindicators Primeira edição John Wiley and Sons, Ltd. p. 271.

62. Bourelly P, Manguin E (1952). Algas de Guadalupe água doce e dependência. Comissão de redação do Ensino Superior. Paris. P 280.

63. Bourelly P (1957). Algue d'eau douce du Soudan français. Região da macina (AOF). Bulletin. Instituição, França. Noire, Ser. A, 19(46): 1047-1102.

64. Carlson RE (1977). Um índice de estado trófico para lagos, Limnol. Oceanogr., 22: 361-369.

65. Chang FH, MacKenzie L, Till D, Hannah D, Rhodes L (1995). The first toxic shellfish outbreaks and the associated phytoplankton blooms in early 1993, in New Zealand.

66. Em Lassus P, Arul G, Erad E, Gentien P, Marcallou, C. (eds), Harmful Marine Algal Blooms. Lavoisier Intercept, Paris. pp. 145-150.

67. Chindah AC, Braide SA, Amankiri J, Izundu E (2007). Sucessão de fitoplâncton em sistema de tratamento de águas residuais municipais sob luz solar. Revista UDO Agricola, 7(1): 258-273.

68. Coesel PFM (1983). A importância das desmídias como indicadores do estado trófico das águas doces, Schweiz. Z. Hydrol, 45: 388-393.

69. Chang JS, Yu KC, Lin CZ, Sun JF, Ho ST, Lai SD (1995). Um estudo do estado eutrófico do reservatório de Tseng-Wen e do reservatório de Wu-Sun-Tu. J. Environ. Eng., 5 (1): 95105.

70. Coesel PFM (2001). Um método para quantificar o valor de conservação em habitats lênticos de água doce utilizando as desmídias como organismos indicadores, Biodiver. Conserv., 10: 177-178.

71. Compere (1977). Algues de la region du Tchad. Cah. ORSTOM, Ser. Hidrobiol., 11(2): 77-177.

72. Davis CC (1955). The marine and freshwater plankton. Michigan State University Press, Michigan. p. 562

73. Dugan PJ (1990). *Wetland* conservation: a review of current issues and required action. IUCN, Gland, Suíça, p.17

74. Gasse F (1980). Diatomáceas de lagos plioplistocénicos de Gadeb (Etiópia) Sistemática, paleoecologia e bioestratigrafia. Algology Revised, P 249.

75. Gasse F (1986). Diatomáceas da África Oriental: Taxonomia, distribuição ecológica. Bibliotheca Diatomologica, P. 201.

76. Gasse F (2000). Salinidade e isótopos de oxigénio de diatomáceas em massas de água do Holocénico do Saara Ocidental e do Sahel (África). Q. Sci. Rev., 21: 737-767.

77. Gerrath JF (1993). A biologia das desmídias: uma década de progresso. In: Round F.E., Chapman DJ (eds) Progress in phycological research, Biopress, Bristol, 9: 79-192.

78. House WA (1990). A previsão da co-precipitação de fosfato com calcite em águas doces. Water Res., 24: 1017-1023.

79. Heleen J, Danen-Louwerse L, Monique C (1995). Co-precipitação de fosfato com carbonato de cálcio no lago. Water Res., 29(7): 1781-1785.

80. Ibrahim BU, Auta J, Balogun JK (2009) Uma avaliação dos parâmetros físico-químicos do reservatório de Kontagora, Níger Stata, Nigéria. Bayero J. Pure Appl. Sci., 2(1): 64-69.

81. John DM, Whitton BA, Brook AJ (2005). *The* Freshwater Algal Flora of the British Isles: an Identification Guide to Freshwater and Terrestrial Algae. Nova Iorque Cambridge University Press, p. 702.

82. Junk WJ, Bayley PB, Sparks RE (1989). The floodpulse concept in river-floodplain systems. Can. Spec. Publ. Fish. Aquat. Sci., 106: 110-127.

83. Kelly MG (1998). Utilização do índice trófico de diatomáceas para monitorizar a eutrofização em rios. Water Resour, 32: 236-242.

84. Kensa MV (2011). Inter-relação entre parâmetros físico-químicos e diversidade fitoplanctónica de duas lagoas perenes de

85. Área de Kulasekharam, distrito de Kanyakumari, Tamil Nadu. Plant Sci. Feed, 1(8): 147-154.

86. Kometa CG (2006). Mapeamento ecológico da paisagem e avaliação do uso da terra no Vale do

Alto Rio Noun, Região Noroeste dos Camarões. Não publicado. p. 181.

87. Krammer K, Lange-Bertalot H. (2002). Baccillariophyceae. Parte 3: Centraceae, Fragrariaceae, and Eunotiaceae. Gustav Fisher Verlag, Jena. P. 3365.

88. Krammer K, Lange-Bertalot H (1991). Susswasserflora da Europa Central. Bacillariophyceae. Parte 4: Achnanthaceae, adições críticas a Navicula (Lineolatae) e Gomphonema. Gustav Fisher Verlag, Jena. P 447.

89. Krammer K, Lange-Bertalot H (1986). Susswasserflora da Europa Central. Bacillariophyceae. Parte 1: Naviculaceae. Oxford University Press Heiderlberg, Berlim, P. 876.

90. Krammer K, Lange-Bertalot H (1988). Susswasserflora da Europa Central. Bacillariophyceae. Parte 3: Centrales Fragilariaceae, Eunotiaceae. VEB Gustave F. Fischer Verlag, Jena. P 576.

91. Lam CWY, Silvester WB (1979). Interação de crescimento entre algas azuis-verdes. Hydrobiology, 63(2): 135-143.

92. Magaurran AE (1988). Ecological Diversity and its Measurement. Princeton University Press. Princeton, Nova Jersey. p. 179.

93. Margalef R (1958). Sucessão temporal e heterogeneidade espacial no fitoplâncton. In: Buzzati-Traverso A. (ed.) Perspectives in Marine Biology. Berkeley, CA, University of California Press, Princeton, New Jersey. p.179.

94. Mcknight DM, Andrews ED, Spaulding SA, Aiken GR (1994). Aquatic fulvic acids in algal-rich Antarctic ponds. Limnol. Oceanogr. 39: 1972-1979.

95. Michael AM, Paerl HW (1994). Transferência trófica planctónica num estuário: Seasonal, diel, and community structure effects. Ecology, 75(8): 2168-2184.

96. Moser GAO, Sigaud-Kutner TCS, Cattena CO, Gianesella SMF, Braga ES, Schinke KP, Aidar E (2004). Potencial de crescimento de algas como indicador do grau de eutrofização em áreas costeiras sob influência de esgotos, Aquat. Ecosystem Health Manage, 7: 115-126.

97. Moss B, Balls H (1989). Phytoplankton distribution in a temperate floodplain lake and river. II Mudanças sazonais nas comunidades fitoplanctónicas e seu controlo pela hidrologia e disponibilidade de nutrientes. J. Plankton Res., 11(4): 839-867.

98. Moss B (1995). Ecologia das águas doces, do homem e do meio. Segunda edição. Blackwell. Sci., P. 333.

99. Muhammad A, Abdus S, Sumayya I, Tasveer ZB, Kamran AQ (2005). Estudos sobre as variações mensais dos parâmetros biológicos e físico-químicos do tanque de peixes de água salobra, Muzaffar Garh, Universidade Bahauddin Zakariya, Multan, Paquistão. Pak. J. Res. Sci., 16(1): 27-38. .

100. Nwankwo E, Onyema IC (2003). A checklist of Planktonic Algae off Lagos Coast, J. Sci. Res. Develop, 9: 75-85.

101. Nwankwo DI (1998). Seasonal changes in phytoplankton composition diversity in Epe Lagoon, Nigeria, Ata Hydrobiol, 40: 83-92.

102. Nwankwo DI (2004). *A* Practical Guide to the study of algae. JAS Publishers, Lagos, Nigéria. p. 84.

103. Oben PM, Oben BO, Fonge BA (2006). Alta incidência de florescências de cianobactérias ao

longo da costa do Golfo da Guiné dos Camarões e seus efeitos na saúde humana e nas comodidades, Trop. Fresh Water. Biol., 15: 33-42.

104. Olaleye VF, Adedeji AA. (2005). Qualidade da água e do plâncton de um rio afetado por efluentes de óleo de palma no Estado de Ondo, Nigéria. Int. J. Zool. Res., 1: 15-20

105. Arndt,H. (1993) Rotifers as predators on components Of the microbial web (bacteria, hetcrotrophic flagellates, ciliates) - a review. Hydrobiologia, 255/256, 231-246.

106. Brandl,Z.. andFernando,C.H. (1975) Food consumption and utilization in two freshwater cyclopoid copepods (Mesocyclopsedax and Cyclops vicinus). Int. Rev. Get Hydrobiot , 60, 471-494.

107. Burns,C.W. (1968) The relationship between body sue of filter-feeding cladocera and the maximum size of particle ingested. Limnol. Oceanogr.,13, 675-678.

108. Burns,C.W. and GilbertrI.J. (1986) Effects of daphnidsrze and density on interference between Daphnia and Keratellacochkaris. Limnol. Oceanogr., 31, 848-858.

109. Conde-Porcuna,J.M., Morales,-Baquero,R. e Cruz-Pizarro,L. (1994) Efeitos de Daphnia longispina sobre as populações de rotíferos num ambiente natural: importância relativa da limitação alimentar e da competição de interferência. J. Plankton Res, 16, 691-706.

110. DeMott,W.R. (1989) The role of competition in zooplankton succession. Em Sommer,U. (ed.), Plank-ton Ecology. Succession in Plankton Communities. Springer-Verlag, Berlim, pp. 195-252.

111. Edmondson,W.T. e Litt,A.H. (1982) Daphnia in Lake Washington. Limnol. Oceanogr.,27,272-293. Elser,J.J. (1992) Phytoplankton dynamics and the role of grazers in Castle Lake, California. Ecology, 73,887-902.

112. Gilbert,..U. (1985) Competition between rotifers and Daphnia. Ecologia, 66, 1943-1950.

113. Gilbert,L.I. (1988a) Suppression of rotifer populations by Daphnia: Uma revisão das provas, dos mecanismos e dos efeitos da estrutura da comunidade de zooplâncton. Limnol. Oceanogr., 33,1286-1303.

114. Gilbert,J.J. (1988b) Susceptibilidades de dez espécies de rotíferos à interferência de Daphnia pulex. Ecology, 69,1826-1838.

115. Gilbert,J.J. (1989)O efeito da interferência de Daphnia numa comunidade natural de rotíferos e ciliados: Short-term bottle experiment:, Limnol. Oceanogr., 34, 606-617.

116. Gilbert,1.1. andJack,J.D. (1993) Rotifers as predators on small ciliates.drobiologia,25.5/256, 247-253.

117. Gliwicz,Z.M. (1977) Seleção do tamanho do alimento e sucessão sazonal do zooplâncton filtrador num lago eutrófico. Ekol. Pol., 25, 179-225.

118. Gliwicz,7',.M. and Pijanowska,J. (1989) The role of predation in zooplankton succession. Em Sommer,U. (ed.), Plankton Ecology. Succession in Plankton Communities. SpringerVerlag, Berlim, pp. 253-296.

119. Gliwicz,Z.M. and Umana,G. (1994) Cladoceran body size and vulnerability to copepod predation. Limnol. Oceanogr., 39, 419-424.

120. Havens,K.E. (1993) An experimental analysis of macrozooplankton, microzooplankton and phyto-plankton interactions in a temperate eutrophic lake. Arch. llydrobiol, 127, 920.

121. Hurlbert,S.H. (1984) Pseudorcplication and the design of ecological field experiments. Ecol. Monogr., 54,187-211.

122. liurlbert,S.H. and White,M.D. (1993) Experiments with freshwater invertebrate zooplanktivores: Qualidade das análises estatísticas. Bull. Mar. Sci., 53, 128-153.

123. Infante,A. (1973) Investigação sobre a incorporação de diferentes algas por algumas espécies de zooplâncton (em alemão). Arch. Hydrobiol. Suppi., 42, 340-405.

124. Kerfoot,W.C., Levitan,C. e DeMott,W.R. (1988) Daphnia-phytoplankton interactions: Density-dependent shifts in resource quality. Ecology, 69,1806-1825.

125. Knisely,K. and Geller,W. (1986) Selective feeding of four zooplankton specie on natural lake phyto-plankton. Occologia (Berlim), 69,86-94.

126. Larnpert,W. and Rothhaupt,K.O. (1991) Alternating dynamics of rotifers and Daphnia magna in a shallow lake. Arch. HydrobioL,120,447-456.

127. Lampert,W., Fleckner,W., Rai,H. e Taylor,E. (1986) Controlo do fitoplâncton pelo zooplâncton de pastagem: Um estudo sobre a fase primaveril de águas claras. Limnol. Oceanogr., 31, 478-490.

128. Maclsaac,H.J. and Gilbert,.11. (1991) Discrimination between exploitative and interference compe-tition between Cladocera and Keratellacochlearis. Ecology, 72, 924937.

129. May,L. e Jones,D.H. (1989) Será que a competição por interferência de Daphnia afecta as populações de Keratellacochkaris em Loch Leven, Escócia? J. Plankton Rest, 11, 445461.

130. May,L., Bailey-Watts,A.E. e Kirika,A. (1993) The ecology of SynchaetakitinaRousselet in Loch Leven, Scotland. Hydrobiologia, 255/256, 305-315.

131. McCauley,E. and Downing,l.A. (1985) The prediction of cladoccran grazing rate spectra. LimnolOceanogr., 30, 202-212.

132. Mucky e Lantpert,W. (1984) Um estudo experimental sobre a importância das condições alimentares para a abundância relativa de calanoidescopeixxis e cladóceros. Arch. Hydrobiol. Su 1., 66, 157-179.

133. Nalewajko,C. (1966) Dados sobre peso seco, cinzas e volume de algumas algas planctónicas de água doce. I Fish. Res. Board Can., 23,1285-1288.

134. Neill,W.E. (1984) Regulation of rotifer densities by crustacean zooplankton in an oligotrophic montane lake in British Columbia. Oecologia (Berlim),61,175-181.

135. Paloheimo,J.E. (1974) Calculation of instantaneous birth rates Limnol. Oceanogr,19, 692-694.

136. Porter,K.G. (1973) Pastoreio seletivo e digestão diferencial de algas pelo zooplâncton. Nature, 244, 179480.

137. Porter,K.G. (1975) 'Viable gut passage of gelatinous green algae ingested by Daphnia. Verh. Int Ver. Linutol., 19, 2840-2850.

138. Pourriot,R. (1977) Food and feeding habits of Rotifera. Arch. Hydrobiol. Beih. Ergebn. Limnol., 8, 243-260.

139. Rocha,O. e Duncan,A. (1985) A relação entre o carbono celular e o volume celular em espécies de algas de água doce utilizadas em estudos zooplanctónicos. Plankton Res., 7, 279-294.

140. Rothhaupt,K.O. (19%) Resource competition of herbivorous zooplankton: a review of approaches and perspectives. Arch_ Hydrobiol.,118, 1-29.

141. Sanders,R.W. and Wickham,S.A. (1993) Planktonic protozoa and metazoa: predation, food quality and population control. Mar. Microb. Food Webs, 7, 197-223.

142. Sarnelle,O. (1992) Nutrient enrichment and grazer effects on phytoplankton in lakes. Ecology, 73, 551-560.

143. Schulze,P.C. and Folt,C.L. (19%) Food resources, survivorship, and reproduction of the omnivorous calanoid copepod Epischuralacustns. Ecology, 71,2224-2240.

144. Sommer, U. (1989) The role of competition for resources in phytoplankton succession. Em S-orruner,U. (ed.), Plankton Ecology. Succession in Plankton Communities. SpringerVerlag, Berlim, pp. 57-106.

145. Sommer,U., Gliwicz,Z.M., Lampert,W. e Duncan,A. (1986) O modelo PEG de sucessão sazonal de eventos planctónicos em águas doces. Arch. Hydrobiol, 106, 433-471.

146. Stertger,R.S. and Gilbert,J.J. (1985) Body size, food concentration, and population growth in plank-tonic rotifers. Ecology, 66,1151-1159.

147. Sterner,R.W. (189) The role of grazers in phytoplankton succession. Em Sommer,U. (ed.), Plankton Ecology. Succession in Plankton Communities. Springer-Verlag, Berlim, pp. 107-170.

148. Svenssonj.E. e Stenson,J.A.E. (1991) Herbivoran impact on phytoplankton community structure. Ilydrobiologia, 226,71-80.

149. Threlkeld,S.T. e Choinski,E.M. (1987) Rotifers, cladocerans and planktivorous fish: Quais são as principais interações? Hydrobiologia,147, 239-243.

150. Walz,N. (1983) Cultura individual e dinâmica populacional experimental de Keratellacochlearis (Rotatoria). Hydrobiologia, 107, 35-45.

151. Walz,N. (1993) Life history strategies of rotifer& In Walz,N. (ezi.), Plankton Regulation Dynamics. Springer-Verlag, Berlim, pp. 193-214.

152. Wiackowski,K.M., Brett,M.T. and Goldman,C.R. (1994) Differential effects of zooplankton species on ciliate community structure. Limnol. Oceanogr, 39,486-492.

153. Wickham,S.A. (1995) Trophic relations between cyclopoid copepods and ciliated protists: Interações complexas ligam as teias alimentares microbiana e clássica. Limnol. Oceanogr, 40,1173-1181.

154. Wickham,S.A. and Gilbert,J.J. (1991) Relative vulnerabilities of natural rotifer and ciliate communis tics to cladocerans: laboratory and field experiments Freshwater Biol., 245,7786.

155. Williarnson,CE. (1983) Predação de invertebrados em rotíferos planctónicos. Hydrobiologia,104, 385-396.

156. Williamson,C.E. and Butler,N.M. (1986) Predation on rotifers by the suspension-feeding calanoid copepod Diaptomuspallidus. Limnol. Oceanogr, 31,393-402.

157. Reynolds CS, Descry JP. The production, biomass and structure of phytoplankton in large rivers. ArchivfurHydrobiologieSupplementband. Large rivers 10 1-4: 161-187, 1996.

158. Piirsoo K, Pall P, Tuvikene A et al. Temporal and spatial patterns of phytoplankton in a

temperate lowland river (Emajogi, Estonia). Journal of Plankton Research 30: 1285-1295, 2008.

159. Aktan Y, Gurevin C, Dorak Z. O efeito dos factores ambientais no crescimento e na estrutura do tamanho de duas espécies dominantes de fitoplâncton no reservatório de Buyukgekmece (Istambul, Turquia). Turk J Biol 33: 335-340, 2009.

160. Turkoglu M. Variações temporais do fitoplâncton de superfície, nutrientes e clorofila a nos Dardanelos (Sistema do Estreito da Turquia): uma amostra de estação costeira em intervalos de tempo semanais. Turk J Biol 34: 319-333, 2010.

161. Descy JP. Ecology of the phytoplankton of the River Moselle: effects of disturbances on community structure and diversity. Hydrobiologia 249: 111-116, 1993.

162. Chan TU, Hamilton DP, Robson BJ et al. Impacts of hydrological changes on phytoplankton succession in the Swan River, Western Australia. Estuaries 25: 14061415, 2002.

163. Barinova S, Tavassi M, Glassman H. Diversidade e ecologia de algas do Baixo Rio Jordão, Israel. Plant Biosystems 143: 340-360, 2009.

164. Leland HV. The influence of water depth and flow regime on phytoplankton biomass and community structure in a shallow, lowland river. Hydrobiologia 506-509: 247-255, 2003.

165. Salmaso N, Braioni MG. Factores que controlam o desenvolvimento sazonal e a distribuição da comunidade fitoplanctónica no curso de planície de um grande rio no Norte de Itália (rio Adige). Aquatic Ecology 42: 533-545, 2008.

166. Kyong H, Hyun-Woo K, Gea-Jae J. A sucessão do fitoplâncton na parte inferior do rio hipertrófico Nakdong (Mulgum), Coreia do Sul. Hydrobiologia 369/370: 217-227, 1998.

167. Soylu EN, Gonulol A. Phytoplankton and seasonal variations of the River Ye§ilirmak, Amasya, Turkey. Turkish Journal of Fisheries and Aquatic Sciences 3: 17-24, 2003.

168. Yildiz K, §en B, Baykal T. Abundant and wide-spread diatoms found in some waters of the Central Anatolian region. Firat University Journal of Science and Engineering 12: 3749, 2000.

169. Baykal T, Udoh UA, Yildiz K. A flora de algas e as variações sazonais da abundância de espécies no riacho Kilicozu (Kirsehir) TURQUIA. Journal of Phytological Research 14: 43-54, 2001.

170. Atici T, Obali O. Algas do rio Coruh (Bayburt-Turquia) (excluindo Bacillariophyta). The Herb Journal of Systematic Botany 7: 231-247, 2000.

171. Ertan OÖ, Morkoyunlu A. The algae flora of Aksu Stream (Isparta-Turkey). Tr. J. of Botany 22: 239-255, 1998.

172. Ertürk A, Gürel M, §eker DZ et al. Conceção de ferramentas do sistema de apoio à decisão para a proteção integrada e a gestão da qualidade da água na bacia hidrográfica de Melen. Congresso Internacional sobre Gestão de Bacias Hidrográficas, Antalya 2007.

173. Mantas EP, Aydin E, Insel G. Conceptual approach for the determination of point sources in Melen watershed. Congresso Internacional sobre Gestão de Bacias Hidrográficas, Antalya 2007.

MIX
Papier aus verantwortungsvollen Quellen
Paper from responsible sources
FSC® C105338

Printed by Books on Demand GmbH, Norderstedt / Germany